"万物土中生，有土斯有粮""庄稼一枝花，全靠肥当家"

土壤肥料实用知识与技术

PRACTICAL KNOWLEDGE AND TECHNOLOGY OF SOIL FERTILIZER

方克明 主编

U0349321

中国农业科学技术出版社

图书在版编目（CIP）数据

土壤肥料实用知识与技术 / 方克明主编. --北京：中国农业科学技术出版社，2022. 12

ISBN 978-7-5116-5957-6

Ⅰ.①土… Ⅱ.①方… Ⅲ.①土壤肥力 Ⅳ.①S158

中国版本图书馆CIP数据核字（2022）第 183965 号

责任编辑 申　艳
责任校对 李向荣
责任印制 姜义伟　王思文

出 版 者 中国农业科学技术出版社
　　　　　北京市中关村南大街 12 号　　邮编：100081
电　　话 （010）82106636（编辑室）　　（010）82109702（发行部）
　　　　　（010）82109709（读者服务部）
网　　址 https: // castp.caas.cn
经 销 者 各地新华书店
印 刷 者 北京地大彩印有限公司
开　　本 148 mm × 210 mm　1/32
印　　张 6.75
字　　数 175 千字
版　　次 2022 年 12 月第 1 版　　2022 年 12 月第 1 次印刷
定　　价 28.00 元

《土壤肥料实用知识与技术》
编 委 会

主　编　方克明

编　委　方克明　肖　欣　何小林　江　麟　周丽芳　康　锋　余红英
　　　　　邱水胜　钟国民　罗文汉　黄　明　陶　峰　方　捷　刘克东
　　　　　罗华汉　秦蕾影　李模其　黄花香

参编人员　（按区域及姓氏笔画排序）

景德镇市： 王美玲　王福林　方克明　左登良　占　涛　叶水平　叶医群
　刘浩诚　江　红　江　麟　李志明　吴光洪　邱水胜　余进仙　邹国庆
　汪　璐　汪玉瑾　张　露　张志宏　陈　昊　罗文汉　胡叶开　胡泉良
　钟　东　钟　超　钟国民　洪三清　秦蕾影　徐　浩　徐丰成　徐爱珍
　龚文亮　章　明　程育才　程贵发　**赣州市：** 刘鸿波　李细莲　杨红兰
　陈　兴　林星超　罗　慧　罗云峰　罗金保　黄　明　黄　斌　黄　鹏
　黄同麒　彭　杨　赖春莲　**萍乡市：** 王小凤　王美芳　朱德彬　刘选民
　刘露萍　邱　箭　邱祥凤　何　波　何学普　陆建林　易国辉　康　锋
　彭　君　程淑兰　**宜春市：** 叶祖鹏　刘万田　陈雪莲　谢永刚　谢碧裕
　蔡裕山　**九江市：** 王淑云　卢再杰　朱　玲　刘亚非　刘克东　余红英
　沈　健　沈国安　宋　涛　宋雨玲　张　超　张先锋　陈　薇　罗志娟
　周志荣　赵利英　聂　芳　顾　强　徐　坤　曹海华　彭章伟　温志余
　廖钦珍　樊耀清　**吉安市：** 刘论波　阮志琼　李小军　李荣芳　张志浩
　张梅花　林晓霞　周平圣　胡建珍　曾文根　廖建武　**抚州市：** 刘晓荣
　杨良波　杨斌斌　郑兴汶　段　琨　徐金星　唐　辉　唐记平　**新余市：**
　孙玉平　**上饶市：** 叶姝莹　纪晓燚　苏　梅　余淑红　陈梽超　罗华汉
　周丽芳　郑艳华　**鹰潭市：** 翁建华　黄花香　蔡志强　**南昌市：** 方　捷
　李模其　肖　欣　何小林　陶　峰　黄梅梅　**济南市：** 康建美

审稿人　李祖章

前　言

　　农业是安天下、稳民心的战略产业和国民经济基础产业。当前农业上备受关注的是农业绿色发展、高质量发展和保障国家粮食安全、农产品质量安全及农业生态安全，而这些发展与安全和土壤肥料息息相关。"万物土中生、有土斯有粮""庄稼一枝花、全靠肥当家"。土壤与肥料是农业生产的物质基础，而土壤质量和施肥水平关系到作物产量、产品品质、安全质量、经济效益和生态环境。土壤肥料技术是提升耕地质量和科学施肥水平的重要支撑。在农业"八字宪法"中"土""肥"两字排在前两位。随着我国经济社会的发展和人们生活水平的提高，随着建设资源节约型、环境友好型社会的推进，土壤肥料技术在农业绿色发展、高质量发展和国家粮食安全、农产品质量安全、农业生态安全方面的基础保障作用越发凸显。

　　为满足乡村振兴和农业农村现代化对土、肥的要求，实施好"藏粮于地、藏粮于技"战略，提高农业综合生产能力，发挥好土壤肥料技术在农业绿色发展、高质量发展和国家粮食安全、农产品质量安全、农业生态安全中的基础保障作用，编者在实地调研和参阅资料的基础上以问答的形式编写了《土壤肥料实用知识与技术》。该书包括土壤知识与地力提升、肥料知识与科学使用、植物营养与配方施肥、需肥特点与植物施肥、土肥污染与防控技术、技术标准与法律政策、取样调查与试验示范7个部分，基本涵盖了当前耕地酸化治理、高标准农田建设、测土配方施肥、化肥减量增效、肥料质量监管、土壤污染防治等土壤肥料相关知识、技术、标准、法规等，突出耕地土壤生物多样性、耕地酸化治理、土肥技术、农作物化肥减量增效、江西省名特优稀农林作物施肥技术、农产品质量安全及受污染耕地安全利用，有理论有实践，有传承有创新，有技术有管理，期望对基层各级农业农村干部、土壤肥料与资源环境工作人员、农业教学科研人员、农业种植业与林业农户等有所启发、借鉴和帮助，成为工作、生产及生活中的良师益友，成为农业科技宣传培训的实用科普书籍。

编者立足土肥领域及江西省区域，从实用性出发对《土壤肥料实用知识与技术》进行了认真编写，着力体现"五性、五紧"特色：一是综合性，紧盯土肥各项重点工作；二是时代性，紧跟党中央决策部署；三是先进性，紧扣农业绿色高质量发展；四是新颖性，紧靠自主创意创新编排；五是实效性，紧贴市民关切及农户需求。期望本书能为"藏粮于地、藏粮于技"战略的有效实施，为农业绿色发展、高质量发展和国家粮食安全、农产品质量安全、农业生态安全发挥较好的指导作用，为农业强、农民富、农村美，为生产发展、生活富裕、生态良好，为不断提升人们的幸福感、获得感和安全感作出新的贡献。

在本书编写过程中得到了江西省植物营养与肥料学会、江西省农业科学院土壤肥料与资源环境研究所、景德镇市科学技术局、景德镇市科学技术协会、景德镇市农业农村局、景德镇市农业科学研究所、原景德镇市土肥站及江西省内外农业、林业同行的重视与支持，在此表示衷心感谢！

由于编者业务能力及编写水平有限，书中内容定有不足之处，恳请各方人士提出宝贵意见。

主　编
2022年9月

目　录

第一部分　土壤知识与地力提升

第二部分　肥料知识与科学使用

第三部分　植物营养与配方施肥

第四部分　需肥特点与植物施肥

第五部分　土肥污染与防控技术

第六部分 技术标准与法律政策

第七部分　取样调查与试验示范

第一部分

土壤知识与地力提升

1 耕地地力与耕地质量有何区别?

答：耕地地力与耕地质量两者概念不完全相同。耕地地力是指在当前管理水平下由土壤立地条件、自然属性等相关要素构成的耕地生产能力，而耕地质量是指由耕地地力、土壤健康状况和田间基础设施构成的满足农产品持续产出和质量安全的能力。由此可见，耕地质量涵盖范围更广，不仅包括耕地地力，还包括土壤健康状况和田间基础设施。耕地地力有其等级划分的农业行业推荐标准——《全国耕地类型区、耕地地力等级划分》（NY/T 309—1996），将耕地分为7个类型区、10个地力等级。耕地质量也有其等级划分的国家推荐标准——《耕地质量等级》（GB/T 33469—2016）。耕地质量通过综合指数法可划分为10个耕地质量等级。一等地耕地质量最高，十等地耕地质量最低。在农业生产实践中，一般将一至三等级田地划定为高产田、四至六等级田地划定为中产田、七至十等级田地划定为低产田。

2 土壤健康状况及田间基础设施指什么?

答：土壤健康状况和田间基础设施是耕地质量的重要组成部分。土壤健康状况是指土壤具有的持续维持其动态生命系统功能的能力，主要体现在清洁度和生物多样性两个方面。清洁度能够反映土壤受重金属、农药和农膜残留等有毒有害物质影响的程度，主要影响农产品的安全质量。生物多样性反映土壤生命力的丰富程度，主要影响农作物的产量及品质。田间基础设施是指为农作物生长提供灌溉、机械作业等保障的硬件设施，如田间电力设备、沟渠、机耕道等。田间基础设施影响作物的稳产高产和机械作业效率。土壤健康状况和田间基础设施都影响耕地产能，是耕地地力的外延，是耕地质量的有机组成部分。为使作物高产、稳产、优质、高效、安全及作业高效，必须高度重视土壤健康状况和田间基础设施建设。

3 耕地质量等级是如何划分的？

答：耕地质量等级划分，是从农业生产角度出发，通过综合指数法对耕地地力、土壤健康状况和田间基础设施构成的满足农产品持续产出和质量安全的能力进行评价划分出等级。耕地质量等级划分方法如下。第一，对耕地质量区域进行划分。全国耕地被划分为九大区域。不同区域其考虑的耕地质量指标内容不同，区域划分的目的是确定耕地质量指标。耕地质量等级划分指标由基础性指标和区域性补充指标组成。基础性指标包括地形部位、有效土层厚度、有机质含量、耕层质地、土壤容重、质地构型、土壤养分状况、生物多样性、清洁程度、障碍因素、灌溉能力、排水能力、农田林网化率13个指标。区域性补充指标包括耕层厚度、田面坡度、盐渍化程度、地下水埋深、酸碱度、海拔高度6个指标。第二，确定各项耕地质量指标的权重和隶属度。通过层次分析法确定各指标权重，通过特尔斐法确定各指标隶属度。第三，判断是否存在污染。如有污染，还需计算土壤单项污染指数和综合污染指数，做出耕地清洁程度判定。第四，计算耕地质量综合指数，进行耕地质量等级划分和耕地质量综合评估。耕地质量综合指数越大，耕地质量水平越高。了解熟悉耕地质量等级划分方法，将有助于有针对性地补齐短板、改善生产条件以提升耕地质量。

4　什么是土壤肥力?

答：土壤肥力是土壤物理、化学、生物性质的综合反映，是土壤的基本属性和本质特征。关于土壤肥力的定义有多种，不尽相同，一般认为，土壤肥力是指土壤具有供给和协调作物生长发育所需要的水分、养分、空气和热量等的能力。通常把水分、养分、空气和热量称为土壤的四大肥力因素。土壤肥力可分为自然肥力和人为肥力。能在生产中表现出来的肥力叫作"有效肥力"，没有直接反映出来的叫作"潜在肥力"。采取适当的农业技术措施，可以使"潜在肥力"转化为"有效肥力"。中低产田地改良就是改善其中的限制因素或因子以提升土壤"有效肥力"。土壤酸碱性、有机质、生物多样性等对作物产量和品质有重要影响，应为重要肥力因素或因子。

5　土壤肥力丰缺指标是如何划定的?

答：土壤肥力丰缺指标一般是按照大田多点某养分施肥与不施肥产量结果对照土壤养分含量，根据减产的比例来确定某养分的丰缺指标。土壤肥力常用土壤有机质、全氮、碱解氮、有效磷、速效钾和酸碱性6项指标来衡量，其丰缺评价指标的划定见表1至表3。

表1　有机质和全氮丰缺评价指标　　　　　　　　　　单位：克/千克

项目	缺乏	中等	丰富
有机质	≤15	15 ~ 25	>25
全氮	≤0.06	0.06 ~ 0.1	>0.1

表2　氮磷钾有效养分丰缺评价指标　　　　　　单位：毫克/千克

项目	严重缺乏	缺乏	中量	丰富	极丰富
碱解氮	≤50	50～100	100～150	150～200	>200
有效磷	≤5	5～10	10～20	20～35	>35
速效钾	≤40	40～80	80～120	120～200	>200

表3　酸碱性评价指标

项目	极酸	酸性	中性	碱性	极碱
pH值	≤4.5	4.5～6.5	6.5～7.5	7.5～8.5	>8.5

6　土壤墒情一般划分为几个等级?

答：水分是土壤肥力四大因素之一。土壤的水分状况一般以土壤墒情来表示。墒指土壤的湿度，墒情指作物耕层土壤的湿度情况，一般用土壤含水量来表示。土壤含水量（％）=水分重/烘干土重×100。土壤墒情等级是根据土壤水分、作物表象、生产状况等因素综合评价得来的。土壤墒情等级一般分为6级：渍涝、过多、适宜、不足、干旱、重旱。不同作物其墒情等级划分标准不同，同一作物不同生育阶段其墒情等级划分标准也不同。例如在华北地区，主要作物不同生育期土壤墒情等级可分为过多、适宜、不足、干旱、重旱5个等级指标。其中，在玉米播种期，将土壤含水量≥85％定为过多、将75％～85％定为适宜、将65％～75％定为不足、将55％～65％定为干旱、将<55％定为重旱。土壤含水量可以通过化验室检测得到，也可通过实地土壤自动监测仪器设备检测得到。对于某作物及其某生育阶段而言，水分过多或重旱

都不利于作物正常生长。通过适时监测耕层土壤墒情变化和根据作物对水分的需求特点，及时对用水灌溉进行指导，可以提高作物对水的利用效率，达到节水增效的目的。

7　土壤养分指什么？

答：土壤养分主要指土壤中存在的可被植物吸收作为营养的元素。土壤养分不仅包括氮、磷、钾大量营养元素，还包括钙、镁、硫中量营养元素和铁、硼、锰、铜、锌、钼、氯、镍微量元素。这些大、中、微量元素为植物必需营养元素，在土壤中以速效、缓效和无效的形式存在。

8　土壤养分离子间存在相互作用吗？

答：土壤中养分离子之间存在各种作用关系，对作物吸收养分、生长发育和产量形成有较大的影响。了解和掌握养分离子间的相互作用，对于合理施肥和配制复合肥料有重要实践指导意义。

养分离子间相互作用主要表现为协同作用和拮抗作用。协同作用又称正的相互作用，即两种养分配合施用对作物的增产效应大于每种养分单独施用时的增产效应之和。氮磷之间表现明显的正相互作用，氮钾之间一般也表现为正的相互作用。铜、锌会促进水稻对镉的吸收。拮抗作用又称负的相互作用，即两种养分配合施用的增产效应小于每种养分单独施用时的增产效应之和。钾离子对镁离子吸收有抑制作用，在土壤有效镁缺乏的土壤中，施用钾肥往往会引起植株中镁含量明显降低，导致果树、蔬菜等作物患缺镁症。钙离子对镁离子、钾离子吸收也有抑制作用，大量施用石灰也可能引起缺钾或缺镁。镍、铁和硅可减少谷粒中镉的含量。镍在植物体内与铁、锌、铜、钙和镁等元素之间有相互制约作用，镍可抑制植物对铜和锌的吸收。镍、铁和硅可减少谷粒中镉的含量。

9 土壤质地与施肥有何关系?

答：在鉴定或评价土壤肥力时，土壤质地往往是首先要考虑的项目之一。土壤质地是指根据土壤土粒及粒级划定的土壤分类类型，概括地反映土壤内在的某些基本特性，一般分为砂土、黏土和壤土三大类。砂土粒粗、孔隙大，昼夜温差大，保水保肥能力差；黏土的颗粒细，吸水能力强，透水通气性差，昼夜温差小，保肥力强，但耕性很差。壤土兼有砂土和黏土的优点，是生产中较为理想的土壤质地。对不同的土壤质地应采取不同的施肥方式才能取得较理想的肥效。砂性土应少量多施肥料，防止肥料漏失，黏性土可重施基肥，提高肥料利用率和减少劳务成本。

10 作物对土壤质地有要求吗?

答：不同的作物因其生物学特性的差异而对土壤质地提出不同的要求。一般来说，需肥较多或生育期长的作物，如水稻、玉米、油菜、大豆、白菜等，较宜在黏质壤土或黏土中生长。生长期短及块根块茎作物如甘薯、马铃薯、花生、萝卜、西瓜、葡萄等较宜在砂土、砂壤土中生长。果树一般要求土层深厚、排水良好的砂壤到中壤质的土壤，茶树以排水良好的壤土至黏壤土最为适宜。一些耐旱耐瘠的作物以及实施早熟栽培的作物如芝麻、蔬菜等以砂质至砂壤质土壤为宜。

11　土壤有机质有何作用？

答：土壤有机质，是指动植物死亡遗留在土壤中的残体、施入的有机肥料以及经微生物作用形成的腐殖质。《耕地质量等级》及《高标准农田建设　通则》对土壤有机质的定义：土壤中形成的和外加入的所有动植物残体不同阶段的各种分解产物和合成产物的总称，包括高度分解的腐殖物质、解剖结构尚可辨认的有机残体和各种微生物体。土壤有机质对土壤肥力有着重要的影响和作用，是评价土壤肥力的重要指标。

土壤有机质主要有以下5个方面的作用。（1）是作物各种养分的重要来源。有机质通过矿质化和腐殖化过程分解为简单的无机物和合成产生腐殖质，最终释放养分，供作物吸收。（2）对土壤结构、耕性及协调各种肥力因素有着重要作用。有机质中的腐殖质是土壤团聚体的胶结剂，能促进土壤团粒结构形成，改善土壤物理性质，协调各种肥力因子，提高土壤的保水保肥能力。（3）有利于保持土壤微生物多样性。土壤有机质供应微生物所需要的能量和养分，促进土壤微生物的活动，增加土壤有效养分释放。（4）促进作物生长。腐殖质中的胡敏酸可以加速作物根系和作物地上部分的生长。（5）提升农产品安全质量。土壤有机质可以吸附镉等有毒重金属，降低稻米等可食农产品中镉等有毒金属含量。

12　如何提升土壤有机质？

答：提升土壤有机质有两项措施。一是增施有机肥料。增施有机肥料是提升土壤有机质的源头措施。不同作物可以选用不同的有机肥料以经济、有效、安全地提升土壤有机质。对稻田来讲，可通过种植紫云英绿肥和实施稻草还田及施用有机肥料来提升稻田土壤有机质。对蔬菜地来讲，可通过施用厩肥、堆肥和商品有机肥来提升土壤有机质。对果树园地来讲，可通过施用处理后的畜禽粪便、沼肥和商品有机肥来提升土壤有机质。对于花卉、苗木地来讲，可通过施用城市卫生垃圾、塘泥等来提升土壤有机质。二是调控有利于有机质产生的条件。施入有机肥料后还需创造有利于有机质产生的条件。在稻田可通过灌水或晒田晒垡，或在稻草还田中施氮调节碳氮比，来控制和调节有机质的积累和分解，促进土壤有机质的转化和形成，以保证土壤肥力的不断提升和当季作物的养分需要。

13 什么是土壤酸碱性？

答：土壤酸碱性又称"土壤反应"，是指土壤溶液中氢离子浓度和氢氧根离子浓度比例不同而表现出来的酸碱反应，用pH值表现。土壤酸碱性是土壤的基本性质，土壤酸碱性是衡量土壤质量的一项重要指标。pH值6.5～7.5为中性，低于4.5为强酸性，高于8.5为强碱性。土壤酸碱性影响作物生长、微生物活动和土壤养分的有效性。作物对土壤酸碱性都有各自的适宜范围，过酸或过碱均不利于作物生长。土壤pH值处于6.5～7时土壤微生物活动最旺盛，过酸或过碱均对有益微生物的活动不利，从而影响其功能作用的发挥。土壤pH值处于6.5～7.5时磷的有效性最大。在碱性土壤中，许多微量元素如铜、锰、锌、铁的有效性会大幅降低。

14　作物对土壤酸碱性有特定要求吗?

答：不同作物对土壤酸碱性都有各自的适宜范围，大多数作物都适宜在微酸性至微碱性的土壤中生长。过酸或过碱对作物生长都是不利的。茶树、柑橘、杨梅等更宜在酸性条件下生长，而棉花、马铃薯、大豆、甘蔗更适于在中性至偏碱条件下生长。因此，在种植和管理某作物时一定要考虑其对土壤酸碱性的适宜性，通过物质与技术措施调好土壤酸碱性，以利作物更好地生长。

15　什么是土壤生物多样性?

答："万物各得其和以生、各得其养以成"。生物多样性使得地球充满生机，是人类生存和发展的基础。土壤是最复杂的生态系统之一，蕴含着世界1/4的生物，是地球上最为多样化的生物栖息地之一。土壤生物多样性是地球家园生物多样性的重要组成部分。土壤生物多样性是指土壤生物及其所组成的系统的总体多样性和变异性，包括遗传多样性、物种多样性和生态系统多样性等。

土壤是生命综合体。土壤中含有后生动物、原生动物和微生物，其中微生物数量巨大。微生物是土壤肥力的核心，有机肥料为什么会腐烂分解并转化为能被作物吸收的养分，是因为土壤中有许多微生物在起作用。与农业生产关系密切的土壤微生物主要有细菌、真菌、放线菌等。微生物种类繁多，作用不同，有的分解有机质、矿物质、有害物质，有的合成腐殖质，有的固定空气中的氮素，有的分泌抗生素、生长激素等，它们直接或间接参与了土壤中几乎所有的物理、化学、生物学反应。土壤微生物与其他生物共同构成土壤生物多样性。

16 土壤生物多样性重要吗?

答:土壤生物被认为是土壤养分的转化器、污染物的净化器和生态系统的稳定器,与人类生活息息相关,在解决粮食安全、环境污染、气候变化及公共卫生等全球重大问题方面起着关键作用。土壤中有着丰富多样的生物类群,它们在有机质积累与周转、养分固定与转化、土壤结构改良、污染物分解转化,以及土传病害传播与控制等过程中发挥着重要作用。土壤中既有对植物有益的生物,也有会致使植物发病的有害生物。健康的土壤-植物系统中的生物处于一个相互制约的动态平衡状态,而土壤生物多样性是这一系统保持平衡稳定的基石。

17 施肥对土壤微生物多样性有何影响?

答:土壤微生物主要聚集在表土层或耕作层土壤中,此区域也是施肥的主要作用区域。施肥对土壤微生物多样性有重要影响。(1)在施肥对土壤微生物生物量的影响方面,施用化肥可增加土壤微生物生物量碳和土壤微生物生物量氮,但是在高肥力农业生态系统中长期施用化肥,抑制了土壤微生物活性,使土壤板结、酸化。施入腐熟的有机肥料,能迅速增加土壤中微生物生物量。有机肥与化肥配施能使土壤微生物生物量显著增加。秸秆还田可提高土壤微生物活性,增加微生物生物量。(2)在施肥对土壤微生物酶活性方面,施肥主要影响土壤中脲酶、磷酸酶、转化酶、蔗糖酶、过氧化氢酶等的活性。不同的肥料对酶的影响结果不一。适量施用化肥能提高脲酶和转化酶活性,降低过氧化氢酶活性。长期施用农家肥、增施绿肥和施用粪肥有助于提高过氧化氢酶活性。有机肥与无机肥配合施用可明显提高土壤酶活性。秸秆配施适量化肥可显著提高酶活性，改善土壤结构，促进有机质积累与矿质养分的生物有效性。紫云英适量还田与化肥配施能显著提高土壤中微生物的数量和活度，土壤微生物的数量及活度在一定程度上影响土壤肥力及健康状况。总之，合理施肥，尤其是施用有机肥，可以提高土壤有机质含量和肥力水平，这给土壤生物提供了充足的碳源和养分，可以促进土壤微生物数量明显增加，土壤生物多样性提高。

18 长期施肥对土壤微生物有何影响？

答：长期施肥对土壤微生物的影响主要表现如下。（1）长期施肥对旱地土壤微生物生物量具有重要影响。其中，单施化肥土壤微生物生物量含量较低，而施用有机肥可显著提高土壤微生物生物量。（2）长期施肥对土壤酶活性具有重要影响。土壤酶是一种生物催化剂，土壤酶活性反映了土壤中各种生物化学过程的强度和方向。长期施肥影响土壤酶活性，酶活性随肥料施用量的增加而增强，提高了土壤养分转化能力。与不施肥和单施化肥相比，施用有机肥能明显提高土壤的转化酶、脱氢酶、脲酶和酸性磷酸酶活性，改善土壤生物活性。在红壤性水稻土上，氮磷钾配施以及氮磷钾肥与有机肥配合施用可以显著提高土壤酶活性，增强土壤微生物活性。有机肥不同施用方式对水稻土的酶活性有显著影响。（3）长期施肥对土壤微生物功能多样性具有重要影响。长期施肥，特别是施用有机肥能显著提高旱地土壤微生物的功能多样性，土壤微生物群落的多样性指数均有所提高，其中以有机肥与化肥配施的多样性指数最大。研究结果证实，有机碳和磷素对维持旱地土壤微生物功能多样性的重要性。

13

19 如何保护耕地土壤生物多样性?

答：土壤生物多样性及其提供的生态系统服务，对全球生态系统至关重要。而人类活动，如改变土地利用方式、过度开发资源、污染环境等，使土壤生物多样性下降。为保护耕地土壤生物多样性应采取以下几项措施。（1）改善土壤生境。在农田生态系统中，施用绿肥或种植覆盖作物，用有机肥和微生物肥料替代化肥等措施，不仅能够给土壤生物带来丰富多样的食物资源，还能改善土壤生物赖以生存的环境。实行轮作或间套作等多元化农业模式，能够使土壤生境和资源更加多样化，同时可以控制病虫害，缓解因农药大量使用对土壤生物产生的伤害。（2）减少干扰。对于农业管理来说，减少农药化肥用量及实施减少土壤物理扰动的少耕、免耕措施，不仅直接使土壤生物免受威胁，而且能够协调土壤的水、气、热，为土壤生物创造更好更多的生存空间。（3）系统保护。土壤生物群落不仅包括有益生物，还包括许多有害生物。因此，土壤生物多样性的保护是一项系统工程，既要考虑不漏掉一种有益生物，也要考虑不能盲目放任有害生物。无论是采取促进措施提高生物多样性，还是减少对现有生物多样性的损害，都需要从整体和全局来考虑，避免为了保护生物多样性而导致有害生物的发展。此外，以往的生物多样性保护措施往往忽视了生物之间相互作用的影响，在保护或促进某种生物时，要考虑该生物的长期变化会受到其他生物的影响。

20 如何提高土壤的保肥性能?

答：土壤保蓄养分的能力称为土壤保肥性能。衡量土壤保肥性能的指标为土壤阳离子交换量。一般认为阳离子交换量<10厘摩尔（+）/千克的土壤保肥能力弱，>20厘摩尔（+）/千克的保肥能力强。提高土壤保肥性能对防止肥料流失和提高肥料利用率有着重要作用。提高土壤保肥性能的措施主要有3个。（1）客土，在砂性土壤中增加土壤黏粒成分，将砂性地改为壤性质地或黏性质地。（2）增施有机肥料，提高有机质含量，改良土壤结构。（3）调酸改土，在酸性重的土壤中施用石灰，能补充较多的钙，形成钙胶体，有利于团粒结构的形成，增强土壤保肥性能。

21　如何增强土壤的供肥性能？

答：土壤的供肥性能是指土壤向作物供应养分的能力和特性，是评价土壤肥力的重要指标。增强土壤供肥性能有利于提升土壤养分的有效性，促进作物增产和改善产品品质。增强土壤供肥性能的措施主要有3个。（1）施有机肥和化肥，为土壤储备养分。（2）合理耕作和灌排，促进土壤微生物活动，促使土壤养分有效化，增加养分供应容量。（3）改善水、气、热等生长环境，促进作物吸收土壤养分。

22　红壤性低产田的障碍因子有哪些？

答：红壤广泛分布在我国南方地区，其中以广东、广西、江西、福建、台湾、湖南、云南、贵州等地分布最广。红壤性低产田是指由红壤荒地或旱地开垦成为水田，种植水稻后所形成的一类水田土壤，其障碍因子主要表现为"黏、板、瘦、酸、浅"。"黏"，是指土质黏重，干时结成硬块，湿时泥烂如浆，"晴天一块铜，下雨一包脓"，是红壤黏、板的写照；"板"，是指土质砂性，遇水迅速成板，耕耙容易，插秧难；"瘦"，是指土壤缺乏肥力，有机质少，氮、磷、钾养分含量低；"酸"，是指土壤pH值一般在5.5以下，酸性过重会抑制土壤中有益微生物的活动，降低磷的有效性；"浅"，是指耕作层浅薄，蓄水、保肥能力差，不利于根系伸长。

23 冷浸性低产田的障碍因子有哪些?

答：冷浸性低产田是指受山丘谷地冷水及地下渗出的泉水长期浸渍而形成的低温冷烂水田土壤，其障碍因子主要表现为"冷、烂、毒、酸、瘦"。"冷"，是指水土温度比正常稻田低3～5℃；"烂"，是指由于长期积水，土体高度分散、浮烂，田脚深厚；"毒"，是指积水闭气，产生还原性有毒物质；"酸"，是指有机物质厌氧分解产生有机酸，酸性重抑制有益生物活动；"瘦"，是指有机质分解慢，氮含量低，特别是有效磷极度缺乏。

24 改良低产田主要有哪些措施?

答：不同的低产田，障碍因子不同，其改良措施也大不相同，应根据障碍因子采取针对性措施。归纳起来，改良低产田的措施种类主要有6项。（1）开沟排水。对冷浸性低产田，首先应采取开沟排水的办法，降低地下水位。这个问题解决了，其他问题就好解决。（2）种植绿肥。在保持稻草直接还田习惯的同时，提倡种植红花绿肥（紫云英）。俗话说"一年红花草，三年地脚好，绿肥种三年，瘦田变良田"。种植绿肥并适时适量还田，不仅可以增加土壤各种养分，而且可以改良土壤的通透性，提高土壤肥力。（3）施用石灰。在土壤酸性较重的农田中施用石灰，不仅可以改善水稻生长的土壤酸碱环境，而且可以提供水稻所需钙元素，增强其抗逆性。（4）深耕客土。"深耕一寸，等于上粪"。加深耕层，解决"浅"的问题，扩大根系伸长空间，达到根深叶茂效果。对于过砂或过黏的土壤采取泥沙客土办法，将土壤调成壤性。（5）配方施肥。根据土壤养分检测情况，调整氮、磷、钾肥的用量，促使土壤养分适量、协调。（6）合理轮作。水稻与经济作物与绿肥轮作，当年或隔年水旱轮作，可改善土壤环境，保持和提高土壤肥力。

25　红壤性低产土壤如何改良？

答：红壤性低产土壤包括红壤性低产旱地和红壤性低产水田。红壤性低产旱地主要有黄泥土、红砂土、砂石土，红壤性低产水田主要为黄泥田和结板泥砂田。主要低产原因为酸、瘦和板结。红壤性低产土壤的改良措施主要有5个。（1）增施有肥料。改善土壤的理化及生物性质，增加土壤有机质含量。重视种好红花绿肥和进行稻草还田。（2）施用石灰等碱性物质。在酸性重的土壤施用石灰能起到良好的调酸改土效果，红花绿肥青草和稻草还田时加入石灰可中和腐烂时产生的酸害，促进分解。（3）施用化肥。一般低产田施磷效果好于施氮。磷肥蘸秧根提高成活率，红花绿肥基施磷肥可促进其固氮和生长。稻草还田时加入氮素化肥可减少脱氮现象。红壤性低产田施硫黄、石膏也有增产效果。（4）深耕客土。对耕作层浅薄的低产田进行深度耕翻，结合施用有机肥料、肥泥或掺砂，可以改善土壤物理、化学、生物性质和耕作性能，加速土壤熟化。（5）合理轮作。推行用地作物与养地作物轮作，水旱作物轮作，保持和提升土壤地力。

26 冷浸性低产田如何改良?

答：冷浸性低产田主要指冷浸田和青泥田。冷浸田主要包括冷水田、冷浆田和锈水田；青泥田主要包括青泥田、青塥泥田和鸭屎泥田。它们低产的共性原因是"冷、烂、瘦、酸、毒"，但不同类型的冷浸性低产田，各个原因因素所起的作用大小有所不同，所采取的改良措施也有主次之分。改良措施可归纳为4个。（1）提高水温。开沟排水、排去冷水。减少树草荫蔽，增加日照时数，也可提高水、土温度。（2）冬耕晒垡。冬晒能提高有效养分，但必须晒透土块，否则土块外湿内干，难耕耙。（3）施用石灰。山区农民有"返黄田等石膏、锈水田等石灰"的施肥经验。在锈水田施用石灰可降低土壤酸性和铁质毒害。（4）客土掺砂。改善土壤砂泥比例，在土壤黏性重的青泥田中掺入砂土，在质地较砂的冷水田施入草皮泥或塘泥，使其砂黏适中，改善土壤耕性。

27 对冷浸性低产田如何进行开沟排水?

答：冷浸田低产的主要原因在于地下水位过高，开沟排水是根本措施。开沟排水主要是开好"三沟"。（1）开环沟。沿山脚开环山沟，截断山洪和冷泉水。（2）开田沟。在田块四周开围沟，在田中开"十""丰"字形排水沟，排出田中积水，降低地下水位。（3）开暗沟。在开明沟易塌沟的情况下，则开暗沟排泉。找到泉眼，开好导流沟，在沟中铺些砂石、竹筒、松木及其他不易腐烂的草木材料，然后覆土，让泉水从地下渗走。

28 对结板田、砂板田如何进行改良？

答：结板田是指土质黏性重，干耕犁不动、湿耕粘犁头的难耕田块。结板田的主要障碍因素为黏、浅、瘦，供肥性差，早稻迟发，生长慢，分蘖少。其主要改良措施有4个。（1）增施有机肥料，以种植绿肥和秸秆还田为主。（2）掺砂客土。在人多田少、劳动运输成本低的情况下可采取这一措施。（3）适施石灰。结板田一般酸性强，施用石灰可中和土壤酸性，提高磷的有效性。（4）耕作轮作。耕作时逐步深耕，在轮作换茬中实行深根与浅根作物、用地与养地作物轮作。

砂板田，与结板田相反，是一种含砂量过多的砂性低产田，土粒松散，无结构，在水耕过程中，土粒极易下沉板结。其主要低产因素为砂、浅、漏、瘦，水稻生长后期易脱肥早衰。其改良措施如下。（1）增施富含黏粒的塘泥、沟泥、河淤泥等，使耕层的泥砂比例调节到6：4左右。（2）增施有机肥，改善土壤结构，增强土壤保肥保水性能。（3）合理轮作，实行水田作物与旱地作物轮作，改善土壤理化性质。

29 农田土壤酸化会产生哪些危害？

答：土壤酸化是指土壤中盐基离子被淋失而氢离子增加导致酸度升高的过程，是指土壤存在酸性不断加重的趋势，是土壤退化、质量变差的表现。土壤酸化的原因主要如下。（1）降水。空中的酸性物质如硫化物随降水进入农田中，使土壤变酸。（2）施肥。施用化肥如氮肥和生理酸性化肥会使土壤酸性不断加重。（3）喷药。农药多为酸性物质，喷施农药会增加土壤酸化。

土壤酸化所产生的危害主要体现在两"化"上。一是"恶化"作物健康生长所需要的土壤生态环境，影响作物产量和产品品质。主要表现如下。（1）土壤过酸会抑制土壤微生物活性，从而影响氮素和其他养分的转化和利用。（2）土壤过酸会影响一些元素对作物的有效性，例如，钼在强酸性土壤中与游离铁、铝生成沉淀，从而降低其有效性。（3）酸性土壤的淋溶作用强，钾、钙、镁容易代换和流失，导致这些元素缺乏。缺少钙离子（Ca^{2+}）难以形成良好的土壤结构。（4）土壤过酸影响作物对氮、磷、钾及微量元素的吸收，使作物抗逆能力下降。二是"活化"农田土壤镉等有毒重金属，使农产品镉等有毒重金属含量增加，影响农产品的安全质量。在土壤强酸性条件下，稻田的镉活性增强，水稻对镉的富集能力增强，易产出镉超标的"有毒"大米。

30 耕地酸化治理有哪些措施?

答：耕地土壤pH值小于5.5的土壤需进行酸化治理。耕地酸化治理的措施如下。（1）施用碱性的石灰质物质（主要成分为碳酸钙、氧化钙的含钙类物质）进行调酸改土。首选符合产品质量及安全标准的商品农用石灰，经检测农用石灰pH值为11以上。石灰质物质主要用于基施，一般可视酸性程度基施农用生石灰粉100~200千克/亩[①]。在耕田前将石灰质物质均匀地撒在农田土壤表面，然后进行翻耕，使其与耕层土壤充分混合。（2）施用碱性有机肥料。商品有机肥料基本为碱性，例如，农家肥牛粪经检测pH值为9。施用碱性有机肥料不仅可调酸还可改土、肥土。（3）施用生理性碱性肥料。草木灰为碱性肥料，钙镁磷肥为生理性碱性

---

① 1亩≈667米^2。全书同。

磷肥，施用钙镁磷肥不仅可调酸改土还可提供作物所需的中微量元素钙镁等，促进作物健康生长。（4）施用碱性土壤改良剂。在镉污染稻田中采用的钝化改良剂呈碱性，在土壤酸性重且镉污染稻田中使用钝化剂不仅可降镉还可调酸。

31 施用石灰有哪些好处?

答：石灰是农业生产中常用的传统物料。在农田施用农用石灰有以下5个方面的好处。（1）消除毒性物质。土壤酸性较重时会产生大量的活性铝等有毒物质。稻草及绿肥过量还田分解产生的大量有机酸对水稻生长也有毒害。施用石灰可以消除这些毒性物质。（2）优化土壤结构。在酸性土壤中施用石灰，能补充较多的钙，形成钙胶体，促进土壤胶体凝聚，有利于团粒结构的形成。（3）增加有效养分。酸性较重的土壤施用石灰后提高了土壤pH值及磷的有效性，同时有利于有益微生物的活动，促进土壤中固氮作用与有机质的矿化，增加土壤有效养分。（4）减轻病虫草害。在酸性较重的土壤中施用石灰，能抑制某些病害的发生，如大白菜根肿病、油菜菌核病、番茄枯萎病等。在酸性较重的土壤中施用石灰还可直接杀死土壤中的病菌、虫卵和杂草种子，提高农药的药效，达到减少、减轻病虫草害的效果。（5）降低稻谷镉量。在酸性且含有重金属镉的稻田中施用石灰，可以减弱水稻对镉的富集，降低稻谷镉含量，提升稻谷质量安全。

32 施用石灰应注意什么?

答：施用石灰有调酸改土和防病虫效果，但是施用时应注意以下几点。（1）选用优质材料。当稻田土壤pH值低于5.5时须施用农用石灰，同时要严把质量关，产品应为粉末状，无机械杂质，粒径小于1毫米。（2）控制施用数量。石灰用量不能一次施得过多，以免影响其他养分的有效性和吸收。不能在同一块田频繁施用，避免使用过程中引发土壤通透性下降、土壤板结等次生危害。一般石灰施用2～3年为一个周期。在实施治理措施后的2～3年内，每隔1年对土壤进行取样检测，观测土壤pH值变化情况，如已达到治理目标即停止施用。（3）讲究施用方法。最好在耕田时基施。施用石灰最好与秸秆、绿肥等有机肥料配合施用，以提高施用效果。石灰不能与铵态氮肥、腐熟农家肥和过磷酸钙混合施用，以免造成氮素挥发和磷素肥效下降。茶叶等喜酸嫌钙作物，不宜施用石灰。（4）预防土壤污染。石灰属矿产品，会含有一些重金属，施用前应进行检测，以防土壤受到次生污染。（5）注意施用安全。石灰为碱性物质，施用时要小心，防止石灰烧伤眼睛和皮肤。水稻栽苗后追施石灰要注意石灰溶于水后的浓度和温度，以防止烧苗。

---

33 大棚设施土壤盐渍化如何治理？

答：给作物施肥后，一部分养分被吸收，未被吸收的部分主要是盐分，它们被留在土壤中。在大棚设施条件下，这些盐分不仅不能随降水流失或淋溶到土壤深层中去，而且由于土壤毛细管作用使盐分向土壤表层聚集，从而导致土壤盐渍化，影响作物正常生长发育，严重时会烧根和死苗。治理盐渍化土壤主要包括如下措施。（1）以水排盐。进行大水漫灌，或适时揭膜，让土壤淋雨。（2）深耕土壤。土壤深翻，使上下土层换动，中耕以切断土壤毛细管。（3）增施有机肥，有机肥产生的有机胶体可以吸附盐分，缓和或延缓盐分积聚。（4）合理施用化肥，避免多年施用同一种化肥，特别是含氯或硫酸根等副成分的肥料。（5）生物除盐。休闲时种植一些其他作物，或种植耐盐作物，吸除一些盐分。

34 日光温室（冬暖大棚）菜地土壤板结如何改良？

答：日光温室（冬暖大棚）是在我国北方严寒冬季，依靠太阳能，不加温或基本不加温，主要用于喜温性蔬菜生产的一种保护设施。山东省是我国日光温室面积较大的省份。因化肥施用不合理、浇水方法粗放等原因，长期使用日光温室（冬暖大棚）菜地会产生土壤板结问题，土壤黏重，通透性差，影响果蔬生长及产量和品质。

改良日光温室（冬暖大棚）土壤板结问题主要包括技术措施。（1）增施有机肥料。往土壤中施入适量的有机质含量高的有机肥，比如农作物秸秆或者腐熟的粪肥等，增加土壤有机质含量，改善土壤板结情况。（2）科学施用化肥。减轻因化肥施用不合理造成的土壤板结问题。根据土壤养分状况和作物需肥特性，确定施肥种类、施肥量和施肥时期，如在设施果蔬生根长叶时施氮肥，在开花坐果时施磷、钾肥，同时注意补充微量元素。（3）增施生物肥料。微生物肥料中的有益微生物一方面可以促进土壤中磷、钾及微量元素阳离子的释放，提高养分元素的转化率和利用率，另一方面可以改善土壤中的团粒结构，从而提高土壤养分利用率和土壤肥力。（4）适度深耕土壤，在作物收获后，彻底清除植物病残体和田间杂草，翻晒土壤，要求翻耕深度25厘米以上。对土壤板结严重的区域，可以掺入适量砂土或稻糠等改善土壤结构和透气性。

35 什么是高标准农田?

答：近年来，国家实施"藏粮于地"战略，大规模开展高标准农田建设，巩固和提升粮食生产能力，确保国家粮食安全。了解和把握什么是高标准农田对高标准农田建设有实践指导意义。在《高标准农田建设 通则》中，高标准农田定义为：田块平整、集中连片、设施完善、节水高效、农电配套、宜机作业、土壤肥沃、生态友好、抗灾能力强，与现代农业生产和经营方式相适应的旱涝保收、稳产高产的耕地。从实践来看，高标准农田应在"美、高、强、好、严"5个方面得到体现。（1）田园风光美。建好后的高标准农田应符合集中连片、田块工整、道路适用、生态良好等外观要求。（2）耕地质量高。包括耕地地力、土壤健康状况和田间基础设施在内的耕地综合质量等级高。不同区域其高标准农田地力参考值不同，如长江中下游区其耕地质量等级宜达到4.5等以上。重点是土壤肥沃健康、水渠灌排顺畅、田间道路适于农机高效作业等。（3）抗灾能力强。高标准农田应旱能灌、涝能排，特别是在大旱之年要有水源灌溉。加强水库建设和管护，多蓄水，确保粮食稳产。（4）产量效益好。在耕地质量高的基础上，推行良种良法以及农艺农机配套措施，实现粮食高产稳产、农户节本增效和生产效率提升。不同区域其高标准农田粮食综合生产能力参考值不同，如江西省稻谷为450千克/亩、玉米为320千克/亩。（5）管理保护严。建成的高标准农田要优先划入永久基本农田储备区，实行特殊保护，确保高标准农田数量不减少、质量不降低。

36 建设高标准农田对土壤培肥有哪些要求?

　　答：耕地地力是耕地质量的重要组成部分，"土壤肥沃"是高标准农田建设的一个内在要求。如果土壤不肥沃、地力不高，粮食高产稳产就失去基础，高标准农田就名不副实，所以高标准农田建设必须要保持和培肥地力，让土壤更肥沃。建设高标准农田对土壤培肥主要有两方面的要求。（1）利用原有耕层土壤。建设前原农田耕层土壤是经过多年种植管理而培育出来的具有一定肥力的土壤，高标准农田建设施工时要求先将原田块耕层土壤剥离下来堆放一边，平整好土地后再覆用，这样做可以减少新地培肥地力所需时间和投入成本，同时避免浪费。（2）进行后期土壤养护。高标准农田建设施工结束后须对土壤进行培肥养护，使其恢复并提升地力，达到或超过原农田土壤肥力水平。

37 建设高标准农田应注意哪些方面?

　　答：国家投巨资用于高标准农田建设，是一件大事好事，必须认真做好。在建设高标准农田时应注意以下3个方面。（1）平整田块要因地制宜。对于高度落差大的田块间保持一定的梯级，不宜搞大统一的平整，以防新农田耕层深度不一致造成人力特别是农业机械难以田间操作。（2）田间水利设施要有效。田间沟渠设施要管用耐用，能够长期保持旱能灌、涝能排、需能用的高效利用状态。（3）新增农田地力有提升。平整后的田块要培肥地力，使其相当或高于原农田地力，确保在同等条件下高标准农田比之前田块粮食单产有一定的增加，否则高标准农田建设成效不佳。

38 高标准农田中耕地质量建设有何具体要求?

答：高标准农田建设，是为减轻或消除主要限制性因素、全面提高农田综合生产能力而开展的田块整治、灌溉与排水、田间道路、农田防护与生态环境保护、农田输配电等农田基础设施建设和土壤改良、障碍土层消除、土壤增肥等农田地力提升活动。高标准农田对耕地质量建设标准有具体的要求。从生产实践来看，一般应达到以下8个方面的要求。（1）土层深厚。有效土层厚度≥60厘米。100厘米内无障碍因素或障碍层出现。水田耕层厚度均衡且在20厘米以上。（2）质地松软。质地构型为上松下紧型或海绵型。土壤质地为壤性，通透性好，透水保水、保肥供肥和保温能力强。土壤容重适中，土壤阳离子交换量≥20厘摩尔（+）/千克。（3）肥力更高。土壤有机质含量较高，土壤有机质含量≥20克/千克；土壤养分状况较好，氮、磷、钾养分水平为最佳水平。土壤全氮>0.15克/千克、碱解氮>200毫克/千克、速效钾>200毫克/千克、有效磷>35毫克/千克。（4）酸碱适中。水稻田土壤适宜pH值为5.5以上至中性。对于酸性较重的土壤宜通过施用安全农用生石灰、卫生有机肥等措施进行调酸改土。（5）水位较低。新增耕地地下水位低，防止土壤潜育化。涨水时渍水时间不长。（6）灌排安全。灌溉和排水能力强。涝能排、旱能灌，随时能充分满足作物对水分的需求。（7）道路适用。高标准农田集中区田间道路建设应符合质量要求，便于农业机械田间高效作业，提高劳动生产效率。（8）生态良好。土壤生物种类多样，有益微生物活跃。灌溉水质应符合《农田灌溉水质标准》（GB 5084—2021），土壤清洁，耕作层土壤重金属镉含量指标<0.2毫克/千克。

39 耕地质量长期定位监测点的监测内容有哪些?

答：耕地质量长期定位监测是指在确定为监测点的固定田块上，通过多年连续定点调查、田间试验、样品采集、分析化验等方式，观测耕地地力、土壤健康状况、田间基础设施等因子动态变化的过程。监测点是为进行长期耕地质量监测而设置的观测、试验、取样的地块。监测内容包括以下3个部分。（1）自动监测内容，主要有农田气象要素、土壤参数和作物长势。（2）年度监测内容，主要有田间作业情况、施肥情况、作物产量、土壤理化性状、土壤生物性状、培肥改良情况。（3）耕地质量监测功能区5年监测内容，在年度监测内容的基础上，在每个"五年计划"的第一年度增加监测土壤质地、阳离子交换量、还原性物质总量（水田）、全磷、全钾、中微量及有益元素含量（交换性钙、交换性镁、有效硫、有效硅、有效铁、有效锰、有效铜、有效锌、有效硼、有效钼）、重金属元素全量（铬、镉、铅、汞、砷、铜、锌、镍）等。

40 耕地质量长期定位监测点的监测报告包括哪些内容?

答：耕地质量监测报告应包括监测点基本情况，耕地质量主要性状的现状及变化趋势，农田投入、结构现状及变化趋势，作物产量现状及变化趋势，耕地质量变化原因分析，提高耕地质量的对策和建议等内容。

第二部分

肥料知识与科学使用

41 什么是肥料?

答：答："庄稼一枝花，全靠肥当家"。肥料是农业生产资料，是植物的"粮食"。不同时期、不同书籍对肥料的定义不尽相同。弄清和把握肥料的定义对于肥料生产、使用和管理者有着重要的实践指导意义。《肥料登记管理办法》规定，肥料是指用于提供、保持或改善植物营养和土壤物理、化学性能以及生物活性，能提高农产品产量，或改善农产品品质，或增强植物抗逆性的有机、无机、微生物及其混合物料。由此可见，肥料不仅包括有机肥料和化肥，还包括微生物肥料及其混合物料。

42 化肥与植物矿质营养学说有何关系?

答：植物矿质营养学说是由德国化学家李比希于1840年提出的，其主要观点为：一切绿色植物以土壤中的矿物质为养料，矿物质以离子形态被吸收；有机肥通过其有机质分解形成矿物质，而化肥直接可提供矿物质；化肥和有机肥提供给植物吸收的矿物质没有什么不同。这一学说促进了化肥的生产和应用，化肥的应用提升了作物单产，成为现代农业不可缺少的一部分。

植物矿质营养学说的实践意义在于，化肥也是植物的养分来源，可以补充有机肥料养分的不足。化肥是营养物质而非有毒物质。因此，既要解决"重化肥、轻有机肥"的实际问题，也要防止化肥被妖魔化、去化肥化的炒作。化肥是重要的农业生产资料，化肥对粮食增产作出过重要贡献，将来仍是粮食安全的重要保证。

43 化肥包括哪些种类?

答：化肥是化肥工业加工生产出的含有一种或多种植物所需营养的产品。按养分类别来分，化肥主要分为氮肥、磷肥、钾肥和中、微量元素肥料。氮肥常见的主要为尿素、碳酸氢铵、氯化铵、硫酸铵等。尿素为有机态氮素肥料，但因由工业方法制成且施用后不会产生有机质而被划为化肥类。磷肥常用的包括过磷酸钙、钙镁磷肥等。钾肥常用的为氯化钾和硫酸钾。同类肥料中的不同肥料其性质、用法及肥效不同，需因土、因作物进行择用，如酸性土壤不宜选用过磷酸钙，忌氯作物不宜选用氯化钾。按所含养分种类来分，化肥可分为单一肥料和复合（混）肥。上述尿素、碳酸氢铵等为单一肥料。磷酸一铵、磷酸二铵、磷酸二氢钾为含有2种养分的复合肥。以单一肥料或复合肥为原料进行混合加工生产出的二元或三元肥料为复混肥。市面上常见的45%（15-15-15）等复合肥为复混肥，配方肥、作物专用肥也为复混肥。

44 复混肥与复合肥有何区别?

答：复混肥是指在氮、磷、钾3种养分中，至少含有两种养分标明量的肥料，由化学方法和/或物理加工制成。如果氮、磷、钾3种养分只有其中1种养分或只有其中1种养分并加入标有其他中微量元素的肥料不能称为复混肥。复合肥是指仅由化学方法制成的复混肥。可见，复混肥包括复合肥，但复混肥不一定是复合肥。磷酸二氢钾、磷酸一铵、磷酸二铵为复合肥，而包装袋上标有复合肥字样的肥料，如45%（15-15-15）复合肥、51%硫酸钾复合肥料等却不是严格意义上的复合肥，而是复混肥。

45 选用复（混）合肥是浓度高的好还是浓度低的好？

答：当前，可选用的各种复（混）合肥越来越多，有高浓度的，也有低浓度的。高浓度复合肥是指氮、磷、钾总养分含量高于40%的复合肥。那么选择复合肥是浓度高的好还是浓度低的好呢？这要从两个方面来回答。（1）从氮、磷、钾有效养分来讲，高浓度复（混）合肥比低浓度复（混）合肥有效养分高，附加成分少。在养分相等情况下，选用高浓度复合肥更节省运输成本和劳力。（2）从其他成分来看，高浓度复（混）合肥以高含量的磷铵作为原料，氮、磷、钾养分含量高，基本上没有其他中微量元素；而低浓度复（混）合肥以过磷酸钙、氯化铵等作为原料，其中含有较多的中微量元素。综上所述，两者各有利弊，应结合或轮换使用为宜。经对江西省浮梁县水稻种植农户调查，采用高浓度复合肥与低浓度复合肥结合使用或轮换使用施肥方法的农户，其水稻产量较高、效益较好。

46 稻田施用钙镁磷肥有何好处？

答：在稻田适当施用钙镁磷肥除为水稻提供磷素营养外还有以下几方面的好处。（1）钙镁磷肥呈碱性。在土壤酸化较重的稻田施用钙镁磷肥，可以中和土壤酸性，改善土壤环境。（2）钙镁磷肥含有一定量的钙和镁，施用后补充水稻所需的中量元素，防止水稻缺钙缺镁。（3）钙镁磷肥还含有一定量的二氧化硅，硅是水稻的必需元素，施用后能使水稻茎秆粗壮，不易倒伏，对稻瘟病和胡麻斑病也有一定的抵抗力。

47 什么是肥料效应？

答：肥料效应，简称肥效，《肥料合理使用准则　通则》的定义是指肥料对作物产量或品质的作用效果，通常以肥料单位养分的施用量所能获得的作物增产量和效益表示；《测土配方施肥技术规程》的定义是，肥料对作物产量或品质的作用效果，通常以肥料单位养分的施用量所获得的作物增产量、品质提升和效益增值表示。两者定义接近，只是后者比前者增加了品质提升的内容。现以肥料的增产效应为例释义如下。肥料增产效应是遵循肥料报酬递减律的。当某田块施肥量水平较低时肥料的增产效应是高的，但随着施肥量水平的不断提升，肥料的增产效应会随之降低，过量施肥肥料其增产效应会呈负数。各种肥料的增产效应也会呈现年际动态变化。如在20世纪中后期，江西省氮肥和磷肥的肥料增产效应是逐年下降的。江西省稻田每千克纯氮（N）增产稻谷由20世纪60年代的15千克降为2000年的6千克，每千克磷肥（P_2O_5）增产稻谷由20世纪60年代的18.6千克降为20世纪90年代的7.5千克。但是钾肥的肥效却是上升的，每千克钾肥（K_2O）增产稻谷由20世纪50年代的3.1千克上升为2000年的8.1千克。

48 如何理解和把握化肥利用率？

答：化肥利用率是当前土肥工作中的一项重要目标和考核指标。化肥利用率是指作物吸收来自肥料的养分占所施肥料养分的百分比。所施化肥被作物吸收得越多，化肥利用率越高，反之，化肥利用率越低。化肥利用率低，说明化肥要么存留在土壤中，要么存在挥发、淋失等流失浪费问题。化肥的流失不仅浪费资源、影响农户收入，而且造成面源污染。化肥利用率主要指化肥中氮、磷、钾的利用率，化肥利用率不是固定不变的，它会因土壤肥力、土壤水分含量、施肥量、作物种类、气候、产量等因素影响而发生变化。化肥利用率变幅之大有时可达几倍。测定肥料利用率有两种方法：一是同位素肥料示踪法，二是田间差减法。目前肥料利用率大多用田间差减法计算。有资料报道，氮肥在水田中的利用率为20%～50%，在旱地中为40%～60%；磷肥利用率为10%～25%；钾肥利用率为50%～65%。福建省2019年水稻肥料利用率试验结果显示，氮肥利用率为39.4%、磷肥利用率为14.8%、钾肥利用率为42.2%。与过去相比，氮、钾的利用率得到提升，但磷肥的利用率却下降，这可能与土壤磷含量日益丰富有关。2015年农业部《到2020年化肥使用量零增长行动方案》指出，通过开展测土配方施肥，全国水稻、小麦、玉米三大粮食作物氮肥、磷肥和钾肥利用率分别达到33%、24%和42%，比项目实施前（2005年）分别提高5、12和10个百分点。农业农村部最新发布的数据显示，2020年我国水稻、小麦、玉米三大粮食作物化肥利用率为40.2%。农业农村部《到2025年化肥减量化行动方案》提出，到2025年全国三大粮食作物化肥利用率达到43%。

49　如何提高化肥利用率和肥效？

答：施肥的目标就是追求最高的利用率和肥效。如何才能提高化肥利用率和肥效？主要思路或措施就是遵循科学施肥"三大理论"。（1）遵循"最小养分律"或"木桶效应"，实行平衡施肥。不仅氮磷钾三者需要平衡，中、微量元素也要满足作物需求，不发生缺素症和生理性病害。有机肥含有中微量元素，与化肥配施可实现养分间的平衡。（2）遵循"报酬递减律"，把握最高产量或最佳效益对应的施肥量。施肥过少难以将肥效发挥到极致；施肥过多不仅肥效下降、产生肥害，而且会造成肥料浪费流失，污染环境，降低肥料利用率。（3）遵循"综合因子律"，要综合考虑其他因素的影响。施肥时要做到"四看"：一看作物长势，通过施肥实现个体与群体的和谐统一；二看肥料特性，采取肥料深施、与有机肥混施等不利于肥料流失的农艺措施，直接提高肥料利用率；三看土壤质地，黏性土壤中肥料可作底肥深施，砂性土壤中施肥则少量多次；四看天气状况，天晴，温度高，作物吸肥量多，应及时按需施肥，下大雨前不宜施肥，以免雨水将肥料冲走。

50 提高氮肥利用率有哪些具体技术措施？

答：提高氮肥利用率主要指提高农田化学氮肥利用率。我国农田化学氮肥利用率普遍较低，氮肥利用率低的主要原因是氮肥易分解成氨气挥发流失和易随田水流走流失。氮肥流失不仅会造成资源浪费，而且会造成空气污染及面源污染。提高氮肥利用率主要采取如下具体技术措施。（1）在氮素含量较低的土壤中施用，在作物对氮需求高的生育阶段施用；以产定氮、以最佳效益定氮；以限额量定氮，防止氮肥施用过量。（2）氮肥应与有机肥、磷钾肥及中微量元素肥配施，促进氮肥的平衡高效利用。（3）看土质施肥。在水田黏性土壤中作底肥，提倡机械侧深施，减轻氮肥挥发；在砂性土壤中追施氮肥应分多次追施，防止氮肥漏失。（4）避免与碱性肥料或石灰等碱性物料同时混施，以免加速氮肥分解挥发。（5）管好田水，防施肥后因大雨或田水串灌导致氮肥流失。（6）应用新肥料。使用缓释氮肥或含氮肥料，提高氮肥利用率。（7）在旱地推行水肥一体化技术，提高水、肥利用效率，提高氮肥利用率。

51 提高磷肥利用率有哪些具体技术措施?

答:磷素易被土壤固定,移动性较差,磷肥的当季利用率在氮、磷、钾中是最低的。在生产中特别是在水稻生产中,由于大量施用高浓度复合肥,农田土壤磷素日趋丰富,多数土壤不缺磷,在一定程度上也影响磷肥的利用率。土壤中的磷会随田泥流动而流失,造成水体面源污染。提高磷肥利用率的主要技术措施如下。(1)根据土壤条件合理施用磷肥。在供磷水平低、氮磷比大的土壤中、在土壤有机质含量低的土壤中施用磷肥,可提高磷肥肥效和利用率。过酸、过碱土壤中有效磷含量低,影响磷利用率。(2)根据作物需磷特性施磷。不同的作物对磷的需要量不同,一般豆科作物对磷的需要量较多,可多施;而蔬菜特别是叶子菜对磷的需要量小,宜少施。不同作物对难溶性磷的吸收利用能力差异很大,油菜、荞麦、豆科作物吸收能力强,可少施;马铃薯、甘薯等吸收能力弱,宜多施。作物不同生长时期需磷量不同,作物需磷的临界期一般都在早期,施用磷肥要早施,一般作底肥施用。(3)根据磷肥的特性合理施用。磷素移动性差,在壤性或黏性土壤中用磷肥作底肥,使其与根部近距离接触,提高利用效率。用磷肥蘸根或浸种,可直接提高磷肥利用效率。在酸性土壤中施用碱性磷肥,在碱性土壤中施用生理酸性磷肥,可提高磷肥肥效和利用率。(4)科学施用磷肥。与有机肥料配合用,增强有机质对磷肥的吸附,减少磷肥被土壤的固定。酸性磷肥能中和有机肥分解产生的氨,生成磷酸铵和硫酸铵,减少氨的挥发。与氮、钾配合施用,可产生交互作用,促进作物对磷的吸收。(5)看天施肥,防大雨冲刷致泥土流失带走磷素。

52 提高钾肥利用率有哪些具体技术措施?

答：在氮、磷、钾三元素中，钾的利用率最高，但仍存在利用率不高、不平衡的问题。钾会随着降水或串灌而造成淋失浪费。农田提高钾肥利用率的技术措施如下。（1）根据土壤钾含量施用钾肥。一般将钾肥用于钾含量较少的土壤中。砂性土壤宜分多次施用。（2）根据作物需钾特性施用钾肥。一般将钾肥施于喜钾或钾需求量比较多的经济作物上，如豆类、瓜类、果树。（3）根据作物需钾规律施用钾肥。一般将钾肥施于需钾生育阶段。需钾量大的阶段为生长后期，水稻生产中钾肥一般施于孕穗阶段。钾素可在植物体内移动，土壤施钾宜早施，可作底肥施用。（4）科学施用钾肥。开展配方施肥，与有机肥和氮、磷肥配合施用，可提高钾肥利用率。（5）在成本不高的情况下，应用缓释肥料，推行水肥一体化技术，可提高钾肥肥效与利用率。（6）管好田水，防田水串灌、漫灌造成钾肥流失。大雨前慎施肥，以防施肥后钾肥被雨水冲失。

53 农业生产中如何优化施肥结构?

答：优化施肥结构对提升肥效和地力都有益处，具体做到四"用"。（1）轮换用。长期施用某一两种肥料，会造成土壤生态恶化和产能下降。懒种田勤换肥，要注重不同肥料品种轮换使用。（2）搭配用。高浓度复合肥应与低浓度复混肥搭配或交替使用，确保大、中、微量元素平衡供应。（3）针对用。酸化土壤应施碱性肥料如钙镁磷肥或含钙镁磷肥的低浓度复混肥。（4）平衡用。推广使用配方肥和缓释肥，视情况补施微肥。

54 肥料包装袋上为何有"含氯"字样?

答：肥料特别是复合（混）肥包装袋上常见"含氯"字样，至少有两方面的原因。（1）肥料管理方面的规定。国家标准GB 18382—2021《肥料标识　内容和要求》中规定，需要限制并标明的物质或元素等应单独标明，警告语（如"氯含量较高，使用不当会对作物造成伤害"等）应按规定字号以显著方式标明。（2）农产品品质上的要求。氯是植物的必需营养元素，但有些作物对氯敏感，称"忌氯"作物，如烟草等，大量施用含氯化肥如氯化铵、氯化钾及以其为原料的复混肥后会造成农产品品质下降。标识上注明"含氯"字样，可避免施用后发生产品品质问题。

55 如何从包装标识上甄别化肥真假?

答：肥料质量直接关系到农民的权益和作物的丰产。甄别肥料优劣的准确办法就是检测，但从包装袋标识上也可粗略做出判断，主要做到"五看"。一看产品名称。肥料产品是有规定或规范的。冠有夸张词语如高效、全元、高能、多能等头衔的肥料不可信。二看文字形式。若有字母要分清是汉语拼音还是英文，不要将标有汉语拼音字母的国产肥料误以为是进口肥料。三看养分标注。肥料养分只标氮、磷、钾，分别以氮（N）、五氧化二磷（P_2O_5）和氧化钾（K_2O）表示，其他元素不能替代。但市场上曾出现一种肥料叫"含氮钙镁硫肥"，不仅肥料名称不规范，而且养分标注也不规范。该肥料总养分含量为40%，其中含氮15%，含钙、镁、硫三元素总量25%。有将钙、镁、硫中微量元素冒充磷和钾之嫌，对消费者进行误导欺骗。四看生产出处。查看是否有企业名称、地址、电话号码等肥料产品信息，若这方面信息无或不全则不宜购买。五看登记证号。复混肥和配方肥等肥料应有肥料登记证号，没有登记证号的不要购买。

56 什么是有机肥料？

答：有机肥料是指主要来源于植物和（或）动物，经发酵、腐熟后，施于土壤以提供植物营养为其主要功效的含碳物料。其功能是改善土壤结构、提升土壤肥力、提供植物营养、提高作物品质。有机肥料是我国的传统肥料，一般都是利用动植物残体、人畜粪尿、塘泥等废弃物为原料积制而成的，所以又称为农家肥。有机肥料除农户自产或积造的有机肥料外，现在市面上还有商品有机肥，其是经过工厂化堆沤发酵腐熟后加工制成的有机肥料。商品有机肥是有质量和卫生标准的，未达标的为假、劣有机肥料。肥料经销者、使用者和管理者都应关注有机肥料的质量，维护好自身权益。

57 有机肥料有哪些种类？

答：根据所含养分的多少、有机质分解的难易，以及有机肥料对供肥与改土作用的不同，将有机肥料分为3类。一是精肥类。这类肥料一般养分含量高，有机质易分解，主要起供肥作用，如枯饼、人粪尿、禽粪等。二是粗肥类。这类肥料一般养分含量不高，腐熟慢，供肥也慢，有显著的改土作用，如堆肥、沤肥、泥肥、垃圾和作物秸秆等。三是细肥类。居于上述两类肥料之间，既有供肥作用也有改土作用，如畜肥和绿肥等。

58 为什么要提倡有机肥与化肥配施?

答: 有机肥料与化肥是两大主要肥料种类, 是作(植)物主要营养来源。两者各有其特点。有机肥料属缓效肥料, 有机质含量高、养分全面、后劲足、培肥土壤效果好, 但氮、磷、钾养分含量低, 肥效缓慢, 施肥量要大; 而化肥属速效肥料, 氮、磷、钾含量较高, 肥效快, 但养分单一、肥效难持久、无直接改土作用。两者结合使用, 刚柔相济、相得益彰。

以有机肥料为主、有机肥与化肥配合施用是科学的施肥方式。由于多种原因, 传统有机肥在一段时期内受到冷落, "重化肥、轻有机肥"问题相当突出, 导致土壤生态恶化、化肥肥效下降、农产品品质降低、生产成本上升等不良后果。目前, 随着人们生活水平的提高, 农产品市场竞争愈加激烈, 提倡以有机肥为主的有机肥与化肥配施意义重大。(1)保护生态环境。有机肥与化肥配施, 可以取长补短、相辅相成, 提高化肥利用效率和肥效, 减少化肥流失、减轻化肥面源污染。(2)提升耕地地力。增施有机肥可有效改良土壤, 恢复和提升耕地地力。(3)提升农产品品质。增施有机肥可以提升农产品品质, 实现提质增效。(4)降低生产成本。在化肥价格高位运行的情况下, 增施有机肥, 减少化肥用量, 可以减少化肥投入, 降低生产成本, 增加经济效益。

59 种植紫云英绿肥有哪些好处?

答: 紫云英, 也叫红花草, 是南方稻田主要的冬季绿肥作物。紫云英绿肥为固氮作物, 是传统植物性清洁有机肥料, 属二级有机肥料。在传统观念中，种植紫云英绿肥主要是用来肥田的，紫云英绿肥翻沤后可增加土壤有机质和养分、改善土壤理化性状、提升地力。俗话说，"一年红花草，三年地脚好""红花种三年，瘦田变良田"。如今，随着经济社会的发展和人们生活水平的提高，种植紫云英绿肥还有其他5个方面的好处或作用。（1）增加土壤微生物数量和多样性。通过种植紫云英可显著提高土壤好氧性细菌和真菌数量及其土壤转化酶、脲酶、过氧化氢酶和酸性磷酸酶活性，促进土壤微生物多样性。（2）减轻化肥面源污染。紫云英还田可减少20%~40%化肥用量，既节省资源、节约成本，又减轻化肥流失所致的面源污染。（3）修复生态环境。有研究表明，种植及还田紫云英可显著降低土壤交换态镉含量，进而降低稻米镉含量。种植及还田紫云英还可降低土壤砷的有效性，对土壤中的有机污染物如多氯联苯也有很好的去除作用。此外，紫云英绿肥因有固氮作用可吸收根际空气中的氮氧化物，有助于净化空气。（4）促进休闲旅游。紫云英绿肥有多种花色品种，春季不同花朵竞相开放，与油菜花交相辉映、争相斗艳，招致游客前来休闲观光。（5）增加经济收益。紫云英绿肥嫩苗心当今是一道卫生时令蔬菜；发展养蜂业，紫云英蜂蜜是上等蜂蜜，种植紫云英所带来的直接或间接综合效益不逊于油菜。总之，种植紫云英绿肥具有生态、经济和社会效益，对于确保粮食安全、农产品质量安全、农业生态安全具有重要价值，可在乡村振兴和美丽乡村建设方面发挥重要作用。

60 紫云英绿肥如何培育出好苗？

答：紫云英绿肥是优质的有机肥源，苗好是夺取紫云英绿肥高产的前提。为培育出好苗，在技术和管理措施上应做到7个方面。（1）选购良种。不仅种性要好，质量也要好。选购发芽率高、杂质少的优良品种。（2）确保种量。在发芽率高的情况下保证亩播2千克种子，量足苗多，同时可挤压杂草生存空间。（3）适时播种。晚稻田在抽穗期间适时播种，做到薄水撒种、湿润发芽，提高发芽率。（4）施好化肥。磷肥拌种，视苗追施少量尿素，促成"以小肥换大肥"。（5）稻草覆盖。用中、晚稻草覆盖嫩苗，保墒防冻，提高苗成活率。（6）开沟排渍。根据地块和土壤情况及时开好活沟，防止雨天长时间渍水造成死苗。（7）加强管理。有人管护，防止田间焚烧覆盖稻草，防止畜禽放养残害。

61 油肥间套种为何是扩种紫云英绿肥的一种新尝试？

答：实践表明，油肥间套种是扩种紫云英的一种有益尝试。（1）当前冬季作物存在"重油菜、轻紫云英"的情况，紫云英绿肥种植滑坡严重，其根本原因还是紫云英不如油菜的直接经济社会效益好。（2）为扩种紫云英绿肥，历史上曾提倡油肥混播，紫云英是主角，油菜为配角，与紫云英一道还田作肥。（3）油肥间套种，不同于油肥混播，其油菜作为一季可收作物，两者可相互兼顾，是实现紫云英绿肥，至少在中稻区域，恢复性发展的有效途径。

62 如何进行油菜绿肥间套作种植？

答：油菜绿肥间套作技术是一项既有经济效益又有生态效益的农业耕作技术，其技术主要包括如下。（1）选择田块。一般选单季稻田。若选双季稻田，要考虑选择早熟油菜品种，确保油菜适时收获和早稻及时栽插。（2）合理间作。适时播种紫云英，力争全苗壮苗。及时播种油菜，适时间苗，合理密植，兼顾紫云英绿肥和油菜生长。（3）开好活沟。田间开沟不求沟多沟深，只求有活沟，田间渍水能及时排出。（4）适当施肥。对紫云英要求磷肥拌种，前期可适当追施少量氮肥促进生长，油菜生长后期叶面喷施硼肥，提高油菜籽结实率。

63 紫云英绿肥还田有哪些技术要点?

答：紫云英绿肥还田就是在紫云英绿肥作物生长后期通过翻犁压青、沤田，将其还于田中作肥料使用。紫云英绿肥还田需把握以下3点。（1）适量。还田量过多，土壤氮素过多，禾苗长势旺盛，易发生病虫害并影响籽粒结实。一般每亩1 500~2 000千克鲜草为宜。（2）适时。紫云英绿肥初花至盛花期鲜草产量高，植株含氮量也最多，此时翻犁压青比结荚期或苗干落叶时翻沤的肥效高。但是为了节省耕犁次数和生产成本，宜结合农事在插秧前10天左右翻沤。（3）适法。如果鲜草还田量较大或鲜草太青嫩时，只能在插秧前2~3天翻沤的，为了加速绿肥分解和调节土壤酸性，可将农用石灰撒施于紫云英绿肥后再翻犁沤田，一般亩施农用石灰100千克左右。

64 秸秆还田有何作用?

答：秸秆还田是最便利、最经济的有机肥料来源。秸秆还田的作用：一是可以提高土壤有机质含量、促进微生物活动、改善土壤结构，增强土壤保肥与供肥性能；二是秸秆含有氮、磷、钾养分和中微量元素，秸秆还田可归还土壤部分养分，特别是钾素，提升土壤肥力和产能；三是固定和保存土壤氮素，增加难溶性养分的有效性，提高养分利用率，节省资源，保护农业生态环境。

65　稻秆直接还田方法应注意哪些事项?

答：稻秆还田方式包括直接还田和间接还田。稻秆直接还田在方法上应掌握以下几点。（1）切碎混匀。还田时最好将秸秆切碎或切成小段，均匀撒施于田中，翻耕时与土壤充分混匀，以加速腐烂分解。（2）保持水量。稻秆还田时如果土壤水分不足，应灌水使土壤达到一定的含水量，但土壤水分不宜过多，否则通气不良，不利分解，并因反硝化作用而造成氮素损失。（3）配施化肥。稻秆碳氮比大，稻秆快速腐烂需要大量微生物的作用，如果土壤氮素不足，分解初期会造成微生物大量繁殖，发生与作物争氮现象，引起作物缺氮，配施适量氮肥可解决这一问题并加快稻秆腐烂。（4）还田适时。一般水稻收获时即还田，此时秸秆较嫩、水分较多，较易腐解。（5）还田适量。如果稻秆量大则应增加翻埋深度、与土壤充分混合和延长腐解时间。（6）趋利避害。在稻秆还田时可配施一定量的农用石灰，防止产生的有机酸对作物的危害。稻田中如有严重病害或重金属镉严重超标的稻秆，应移出稻田另行处理。

66　堆肥在堆腐过程中应注意什么?

答：堆肥是通过在地面上堆积各种生物有机残体（可加适量粪尿）在通气情况下以好氧发酵为主而制成的肥料。堆肥腐熟过程主要是各种微生物对有机残体进行分解腐烂的过程，使其中有机态的养分转化为易被植物吸收的矿质态的养分。

为提高堆肥质量，在堆腐过程中应注意以下几点。（1）堆肥原料的碳氮比。微生物分解有机残体的同时需要一定比例的碳素和氮素，碳氮比一般为25∶1。如果原料的碳氮比过高，氮素缺乏，微生物活动就会受到影响，分解腐熟过程就比较缓慢。在这种情况下，就要加入适量含氮较高的人畜粪尿、绿肥或化学氮肥。（2）水分。水分是维持微生物生命活动的必要条件，堆肥中不能没有水分，也不宜过多，否则堆内空气少、温度低，分解缓慢。用手紧捏堆积物刚能挤出水分即可。（3）空气。堆内适当通气，有利于好氧微生物分解以纤维素为主的原料，但若通气过多，水分蒸发太快，不易保持对微生物有利的温度，影响堆肥的质量。（4）酸碱性。微生物最适宜在中性或微碱性环境中生存，而在堆腐过程中会产生各种酸性物质，需加入适量的石灰或草木灰等碱性物质，以调节有利于微生物活动的环境。（5）温度。堆肥的温度宜高些（50~60℃），以加速纤维素的分解，并杀死部分病菌和虫卵。但是温度超过60℃，水分蒸发快，氮素挥发损失也大，应向堆内灌水以调节温度，并压紧肥堆以减少氮素挥发损失。

67 什么是微生物肥料?

答：微生物肥料也称生物肥料、菌肥、菌剂等，是指应用于农业生产中，能够获得特定肥料效应的含有特定微生物活体的制品，这种效应不仅包括了土壤、环境及植物营养元素的供应，还包括了其所产生的代谢产物对植物的有益作用。特定肥料效应最终反映在提高农作物产量、改善农产品品质、改善农业土壤生态环境等方面。施用微生物肥料可以增加土壤有效养分，为作物制造营养，协助作物吸收营养，抑制多种病菌生长，增强植物的抗逆性。根据其作用不同，生物肥料可分为有固氮作用的菌肥、分解土壤有机物的菌肥、分解土壤中难溶性矿物的菌肥、促进作物对土壤养分利用的菌肥、抗病及刺激作物生长的菌肥等。施用微生物肥料可以提高化肥利用率，减少化肥用量，节省化肥资源，减轻化肥引起的面源污染。

68　选用微生物肥料应注意什么？

答：选用微生物肥料时应注意两点。（1）微生物肥料要选择质量合格的产品，要保证菌肥有足够数量的有效微生物。施用前必须保存在低温（4～10℃）、阴凉、通风、避光处，以免失效。（2）在施用时要创造适合于有益微生物生长的环境条件。在施用过程中应避免阳光直射，不可与农药、化肥混用，保持土壤中适量的水分以及土壤疏松、通气良好等条件。

69　微生物肥料可与哪些肥料混合？

答：微生物肥料是指含有活微生物的特定制品，微生物肥料能否与其他肥料混合关键是看混合后是否伤害微生物肥料中的微生物活体。不同微生物肥料之间可以混合，微生物肥料与有机肥料可混合，亦可与少量微量元素混合。微生物肥料经单独造粒后可与复混肥混合，微生物菌剂接种鸡粪、猪粪等有机肥发酵后可与无机肥料混合。但是，微生物肥料不能与含有大量挥发氨的化学肥料混合，不能与化学农药混合，也不能与大量过酸或过碱的物质混合。

70 藻类生物肥是一种什么样的生物肥料?

答：市面上有一种藻类生物肥，它是通过高科技手段将具有高效固氮作用的地球上最古老的原核生物蓝藻和具有超强光合作用的真核生物绿藻进行科学组合、培植、包囊而成的微生物菌剂，属于微生物肥。据报道，藻类生物肥对水稻、甘薯、散叶生菜、油菜等作物具有一定的增产效果。

71 叶面肥和微量元素肥料有何不同?

答：叶面肥是指施于植物叶片并能被其吸收利用的肥料，而微量元素肥料是指内含某类微量元素的、作为肥料使用的工业产品，两者明显不同，叶面肥侧重叶面喷施方式，微量元素肥料侧重微量元素成分。（1）在成分上，叶面肥既包括氮、磷、钾等大中量元素，也包括微量元素，而微肥局限于锌、硼、锰、钼、铁、铜等微量元素。（2）在作用上，叶面喷施氮、磷、钾等大中量元素肥料，只是对大中量营养元素肥料的补充，而叶面喷施微量元素肥料可以解决微量元素缺乏的问题。（3）在使用上，叶面肥仅喷施于叶面，而微肥既可叶面喷施，也可土施或根施。（4）在种类上，常用的叶面肥有磷酸二氢钾、尿素等，而常用的微肥有硼肥、锌肥、钼肥等。

72 液体钼肥是一种什么样的肥料?

答：市面上有种优质液体钼肥，它是主要针对豆科作物的主含微量元素钼的液体肥料，主要用于叶面喷施，既是微量元素肥料也是叶面肥。其钼元素含量大于或等于320克/升，主要根据养分离子间协同作用机理及豆科作物对养分的需求，并配有适量的氮、磷和硼元素，来提高钼元素的利用效能，进而促进豆科作物固氮根瘤的形成，增强大豆的固氮能力，增产增收效果明显。在非豆科作物上施用也有一定的增产效果。

73 缓释肥料是一种什么肥料？

答：缓释肥料是一种通过养分的化学或物理作用，使有效态养分随着时间而缓慢释放的化学肥料。缓释肥料是一种能减缓或控制养分释放的新型肥料，具有相对较长肥效的肥料，也叫长效肥料或缓效肥料。根据《缓释肥料》（GB/T 23348—2009），缓释肥料按核芯种类可分为缓释氮肥、缓释钾肥、缓释复合肥料、缓释复混肥料、缓释掺混肥料（BB肥料）等。（1）缓释肥料是一种方向性肥料，符合建设"资源节约型、环境友好型社会"的要求，也被称为21世纪肥料。（2）缓释肥料的主要特点是力求养分释放速度与作物需肥特性相一致，以提高肥料利用率。此外，因其肥效期延长，可以实现一季作物施一次肥，节省劳力。（3）缓释肥料施用于粮食作物、油料作物、蔬菜及水果、茶树等都有一定的增产效果，一般在10%左右。（4）缓释肥料的应用有局限性，即价格偏高，难以在比较效益低的粮食作物上推广应用。

第三部分

植物营养与配方施肥

74　植物必需营养元素有哪些?

答:植物必需元素是指在植物正常生长生殖过程中起直接功能作用的、不可缺乏的、不能替代的元素。植物必需营养元素共有17种,分为3类。第一类为大量元素,包括碳、氢、氧、氮、磷、钾6种。其中碳、氢、氧主要从空气中自然获取,氮、磷、钾主要从土壤和肥料中获取。作物对氮、磷、钾的需求量大而土壤对其供应不足,故氮、磷、钾施用量多,称为"肥料三要素"。第二类为中量元素,包括钙、镁、硫3种,从土壤与肥料中获取。第三类为微量元素,包括铁、硼、铜、锌、钼、锰、氯、镍8种,从土壤与肥料中获取。

75　氮元素在植物营养中有什么主要功能?

答:植物的含氮量为其干重的0.3%~5%,氮素与植物的产量和品质关系极大。氮的主要功能如下。(1)植株体内重要的生命物质,如蛋白质、氨基酸、核酸、酶、叶绿素和B族维生素、生物碱和激素都是氮的化合物。蛋白质中的氮占植株全氮的80%~85%,核酸中的氮占植株全氮的10%左右。缺氮时,产品中蛋白质含量下降、维生素和必需氨基酸含量降低,从而影响产品品质。(2)植物生长发育过程中的细胞分裂和新细胞形成必须要有蛋白质。如果缺氮,植株的生长发育就会受阻,影响分枝或分蘖,且提早成熟。(3)参与叶绿素的组成,如果缺氮,叶绿素含量下降,叶片黄化。缺氮与氮过剩对作物生育都不利。对于谷类作物来讲,缺氮会造成穗数和粒数减少,粒重减轻,产量下降。相反,氮素过多时,植株枝叶茂盛,造成结实率下降,产量也会降低。氮素过多会使产品中的亚硝胺类含量增加，对食用这种产品的人畜，对健康不利。在生产实践中要重视和科学施用氮肥，尽量避免缺氮和氮过量情况的发生。

76 磷元素在植物营养中有什么主要功能？

答：磷素在植物体内含量不多，作物的全磷含量一般为其干物重的0.05%～0.5%，但其"分量"不轻，对植物生长发育起着重要作用。植物体内磷可分为有机态磷和无机态磷。有机态磷占全磷量的85%左右。有机态磷是核酸、蛋白质、磷脂、植素、三磷酸腺苷和含磷酶等重要有机化合物的组成成分。磷脂是生物膜的构成物质，而生物膜是外界物质流、能量流和信息流进出细胞的通道。植素的形成和积累有利于淀粉的合成。没有三磷酸腺苷，植物代谢就会停顿。由此可见，磷在植物体内起着重要的生理作用。如果磷的供应减少，蛋白质合成减少，细胞分裂与增殖受到限制，新器官不能形成，作物的生长发育也就停止。

77 钾元素在植物营养中有什么主要功能？

答：钾元素是包括农作物在内的高等植物体内分布最多的一种金属元素，是氮、磷、钾三元素中含量最多的元素。一般茎秆的钾含量大于籽粒的。与氮、磷不同，钾以离子形态、水溶性盐类等形式存在，80%的钾存在于细胞液中。钾不是植物的形态结构物质，但植物组织中含有大量的钾。钾主要有如下植物生理功能。（1）维持细胞膨压，保证各种代谢过程的顺利进行。（2）促进酶的活化，提高光合效率和同化产物的输送。（3）促进蛋白质和脂肪的合成。（4）增强植物的抗逆性。使用钾肥，能改善植株的钾营养，进而增强植物对低温、干旱、盐碱和病虫害等的抗性，这是钾的一个突出作用，其功效超过钙与硅等元素。缺钾时，不同植物其症状表现不同。水稻缺钾，首先是老叶尖端和边缘发黄变褐，叶面出现胡麻斑病的病斑。严重缺钾时新叶也产生类似胡麻斑病的病斑。缺钾会导致抽穗不齐，结实率不高，甚至"穗而不实"。但是施钾过量，会影响对其他阳离子特别是镁的吸收，也对植物带来不利影响。随着氮、磷化肥用量的增加，缺钾已成为提高产量的限制因素。秸秆钾含量较多，秸秆还田可补充钾素的不足。

78　钙元素在植物营养中有什么主要功能？

答：钙为中量元素，在植物体内钙含量一般为0.2%～1.0%，比钾少而比镁多。植物体内钙可以是游离的Ca^{2+}，也可以与不扩散的有机离子结合，也可以成为草酸钙、碳酸钙和磷酸钙等沉积在液泡里。钙主要有以下营养功能。（1）钙是细胞壁的结构成分，新细胞的形成需要充足的钙，缺钙会抑制细胞壁的加厚和伸长，从而使细胞不能分裂。（2）钙维持细胞膜的正常功能，缺钙时细胞膜的结构失去完整性。（3）钙为细胞分裂所必需，植物缺钙时，其染色体不正常，就会影响细胞分裂或形成多核细胞。（4）钙是某些酶的必需辅助因子。（5）钙对植物的氮代谢有促进作用，增进根瘤的形成，提高共生固氮效率。（6）钙对调节介质的生理平衡也具有特殊功效，如钙离子（Ca^{2+}）可中和在代谢过程中产生的有机酸，避免它们的毒害。钙还能提高作物对真菌病害的抗性。缺钙会发生一些生理性病害，影响作物产量和品质。其症状一般表现为生长停滞，植株矮小，幼叶卷曲、发脆、发黄，果实腐烂，荚果空壳。

79 镁元素在植物营养中有什么主要功能?

答: 镁为中量元素,在植物体内镁含量一般为0.2%~0.6%,70%以上的镁与无机阴离子和有机酸阴离子结合,呈扩散状态存在。部分镁则与草酸、植酸等结合以不可扩散状态存在。镁是组成叶绿素分子的唯一矿质元素,是一些酶的激活剂,镁与氮代谢有密切的关系,能促进植物体的新陈代谢作用,促进脂肪的形成。缺镁时会导致叶绿体结构的严重破坏,某些需镁的酶的结构也会遭到破坏,蛋白质氮减少,非蛋白质氮增加。生长在砂质土壤、酸性土壤、高钾量土壤上的植物往往容易缺镁。根用作物的需镁量为谷类作物的2倍,所以马铃薯、水果及温室作物易发生缺镁。缺镁发生到一定程度或非常严重时,与缺钾症状难以区别。但是当镁过剩时,植物根的发育会受阻。

80 硫元素在植物营养中有什么主要功能?

答: 硫为中量元素,植物干物质硫含量一般为0.2%~0.5%,十字花科作物需硫量大,谷类作物含硫比其他作物要少。植物体内硫有两种形态:一种为硫酸根(SO_4^{2-}),贮藏在液泡中;另一种为含硫有机化合物,是蛋白质不可缺少的组成成分。硫是蛋白质和酶的组成元素和某些特殊物质的组成成分;硫参与氧化还原反应和固氮作用;硫与叶绿素形成有关,疏基可以消除重金属离子对植物的毒害。作物缺硫时,首先在幼嫩的叶片和生长点上表现出来,心叶失绿黄化,抑制生长,开花结实推迟,果实减少。但是过量的二氧化硫对植物有毒害作用。

81 微量元素铁在植物营养中有什么主要功能？

答：铁是地球上最丰富的元素之一，其数量仅次于氧、硅和铝，居第四位。植物所需要的铁量很少，土壤中的全铁含量往往大大超过作物的需要量，但只有有效态才对植物有效。耕层土壤的有效铁含量只要不少于0.05毫克/千克就能满足需求。在植物体内，90%的铁分布在叶绿体。铁不是叶绿素的组成成分，但为合成叶绿素所必需。作物缺铁导致叶绿素不能形成，并使叶绿蛋白解体，发生缺绿症。铁是光合作用中许多电子传递体的组成成分，是很多酶的活化剂，还参与核酸和蛋白质的合成。叶绿体缺铁时蛋白质合成减少。作物缺铁首先表现为迅速生长的幼叶失绿，叶面失绿均匀，而叶脉仍保持绿色，叶片并不破裂。但是，在水稻田等厌氧环境下，当水稻叶片中亚铁离子（Fe^{2+}）浓度超过300毫克/千克时，水稻一般会发生中毒。

82 微量元素硼在植物营养中有什么主要功能？

答：硼元素在植物体内的含量一般为干物质的2～95毫克/千克。繁殖器官含硼量高于营养器官。硼不是植物体内的结构成分和酶的组成成分。硼可促进细胞壁的形成和植物体内糖类的运输，维持生物膜的正常功能，促进核酸和蛋白质的合成，促进碳水化合物的合成和运输，影响酚的代谢和植物生长素的活性，提高豆科作物根瘤菌的固氮活性，影响光合作用，参与受精和结实过程，增强作物抗旱、抗寒能力等。植物缺硼会影响光合产物的形成和运转，引起花果不实，造成严重减产。十字花科植物需硼较多并对缺硼最为敏感，豆科作物和果树中的梨、葡萄和杨梅也需要较多的硼。一些作物缺硼易发生生理性病害，豆科作物缺硼严重时会丧失固氮能力，油菜缺硼还易感染菌核病。但是，土壤母质含硼量过高或不适当的硼肥施用会造成作物硼中毒，在高氮情况下硼中毒更为严重。对硼中毒的敏感作物有桃、葡萄、菜豆和无花果等。

83 微量元素铜在植物营养中有什么主要功能？

答：铜元素在植物体内含量很少，大多数植物的含铜量为2~20毫克/千克。植物种子和生长旺盛部分含铜量较高。植物地上部分70%的铜分布在叶子中，叶绿体是含铜的主要细胞器。铜是质体菁（一种蓝色蛋白质）的必要组成，参与光合作用。铜是重要酶类的有效成分，参与氧化还原反应和呼吸作用。铜参与植物的氮代谢，铜对于共生固氮作用是专性需要的，缺铜不利于氮的固定。铜能提高生长素氧化酶的活性，调节植物生长。含铜的酶可控制植物徒长。铜还可增强植物对干旱、高热和霜冻的抗性。谷类作物对缺铜比较敏感。缺铜时，新叶呈灰绿色，叶尖白化，叶片扭曲，分蘖丛生，抽穗很少，或结实不良，造成瘪谷。

84 微量元素锌在植物营养中有什么主要功能？

答：植物含锌量较低，一般为10~100毫克/千克（干重）。锌主要集中在根和顶端生长点及第一片叶子，下部叶子含锌较少。锌主要依靠扩散作用由土壤溶液到达根表面。在生长后期，锌可在籽粒中特别是在胚中积累。锌是许多酶的组成成分，已发现含锌的酶有80多种。锌参与叶绿素的合成并促进光合作用，锌参与生长素（IAA）的合成和蛋白质的合成，锌还与细胞分裂有关。缺锌时，植物体内赤霉素的含量显著减少，蛋白质合成减少，叶绿体颗粒变小，作物的生长发育出现停滞状态。植物缺锌时，其对磷的利用减少，致使体内无机磷大量积累。当温度低时，植物对锌的吸收减少，所以早春更容易发生缺锌。水稻缺锌时新叶基部失绿白化，叶型细小，有时心叶也白化，植株矮小，分蘖减少，白根少，抽穗延迟，甚至不抽穗。施用磷肥会增加土壤中铁铝氧化物和氢氧化物对锌的吸附，从而减少植物对锌的吸收。但是，土壤锌过剩也会导致植物的锌中毒，抑制光合作用，减少二氧化碳（CO_2）固定。

85 微量元素钼在植物营养中有什么主要功能？

答：谷类植物含钼一般为0.2～1.0毫克/千克（干重），主要分布在生长中的幼嫩器官。叶子的含钼量大于茎和根，叶子中的钼主要存在于叶绿体中。植物吸收钼的形态为钼酸根（MoO_4^{2-}），吸收方式主要靠截获和质流。钼在植物体中的主要作用是参与氮代谢与同化。钼也是植物体中固氮酶的组成部分。自生固氮菌或共生固氮的豆科植物借助于固氮酶催化把大气中的氮气固定为氨，再合成有机化合物。钼还能增强豆科作物根瘤中脱氢酶的活性，增强固氮能力。钼与植物体内维生素C的合成有关，缺钼时维生素C大量消失。钼对铝的吸收有拮抗作用。豆类植物钼含量低于0.4毫克/千克就认为是缺钼。缺钼植株矮小，叶片脉间失绿、枯萎以至坏死，叶缘枯焦，向内卷曲，呈萎蔫状态。在大田生产条件下因钼过剩而中毒的情形极少。

86 微量元素锰在植物营养中有什么主要功能？

答：锰元素在植物体内的含量为10～300毫克/千克（干重）。

在植物体内，锰有两种存在形式：一种为无机离子状态，主要为二价锰离子（Mn^{2+}），另一种则与蛋白质牢固地结合在一起。在植物体内，锰主要存在于叶和茎中，叶绿体中含锰量较高。锰直接参与光合作用，有维持叶绿体膜正常结构的作用。锰是许多酶的活化剂，对生长素、氧化酶的活性是必不可少的。锰参与氮代谢；锰可调节植物体内的氧化还原电位；锰能促进磷的利用。植物缺锰时，首先在新叶生叶脉间失绿黄化，而叶脉和叶脉附近仍保持绿色。对谷类作物、番茄、甘蓝、草莓等来说，缺锰症状首先出现在老叶，但对马铃薯、棉花、柑橘等来说，缺锰症状首先出现在幼叶上。植物体内锰过剩会发生锰的中毒。

87 微量元素氯在植物营养中有什么主要功能？

答：各类植物对氯的需要量有很大差异，一般植物含氯量为0.2%～20%（干物质）。植物对氯主要是主动吸收，受代谢活动的控制。氯参与光合作用，是光合作用的一个辅助因子。氯离子（Cl^-）是生物化学性质最稳定的离子，它能与阳离子保持电荷平衡，维持细胞内的渗透压。适量的氯有利于碳水化合物的合成与转化。氯能提高作物的抗病性。十字花科、藜科、伞形科和百合科多数是喜氯植物，而大多数树木、浆果类、柑橘类、蔬菜等对氯多少有些敏感。植物体内氯含量在100毫克/千克左右时，往往发生缺氯。在大田中很少发现作物缺氯。但是氯过多却是生产中的一个突出问题。植物受氯毒害的症状为叶尖呈灼烧状，叶缘焦枯，叶子发黄并提前脱落，其症状有点像缺钾。氯过量时，会增加渗透势，减少水分的吸收。当氯浓度很高时，根尖死亡，生长受到严重抑制。

88 镍元素是植物必需营养元素吗?

答:在2010年以前,人们认为植物必需营养元素为16种,镍元素不在其内,而是被称为有益元素或有毒元素。如今,在《肥料合理使用准则 通则》(NY/T 496—2010)中,镍被纳入植物必需营养元素,成为第17种植物必需元素。适量但很微量的镍对植物是有益的。镍是脲酶的组成成分,在供应尿素为氮素来源时,其在氮代谢中起重要作用。在大豆氮代谢中尿素的利用和脲酶的合成需要镍。镍可促进种子萌发,如小麦、水稻种子经低浓度镍浸种后,发芽率明显提高。镍可促进植物的生长发育和增产,镍还有延缓植物衰老的作用。许多微生物如一些细菌和蓝藻的生长必须要有镍,镍对土壤微生物的固氮作用也是必需的。在一般情况下,植物体中镍的浓度较低,不超过10毫克/千克。镍稍过量就会对植物产生毒害,不利于种子的萌发,抑制植物生长发育。另外,镍会引起其他元素的缺乏,镍可抑制植物对铜和锌的吸收,多量的镍还影响作物对铁的吸收,并产生毒害。离子态镍对植物毒性较大,螯合态镍的毒性较小。在《土壤环境质量 农用地土壤污染风险管控标准(试行)》中,镍为第7项污染物项目,在《食品安全国家标准 食品中污染物限量》中镍有限量指标。

89 什么是有益元素?

答:植物体内营养元素很多,除17种大、中、微量必需营养元素外,还有一些不是植物所必需但对某些植物生长有益的元素,这些元素叫有益元素。有益元素包括钠、硅、钴、硒、铝、碘、钒等。(1)钠对于耐盐作物是必需的营养元素,如甜菜、油菜、芹菜等。（2）硅可以促进作物光合作用，增强作物的抗逆能力。硅对水稻等禾本科作物是必需的。（3）钴对于固氮微生物是必需的，在缺钴情况下，豆科作物很难结瘤和固氮。（4）到目前为止，还没有研究证明硒是植物必需元素，但硒是动物和人的必需微量元素，缺硒会引发高血压、冠心病以及多种癌症等人类疾病。（5）低浓度的铝对作物生长有促进作用，能显著改善大麦、小麦的生长，可以促进茶树根的生长，可增强甘蔗对磷的吸收，能促进豌豆苗根瘤的发育，对淀粉的合成有促进作用，还可提高植物的抗旱性。（6）碘为人类和动物所必需，影响植物呼吸作用和碳水化合物代谢，影响光合作用。人类缺碘会患地方性甲状腺肿。缺碘的土壤施碘可促进植物生长。（7）钒是在饮食和人体中可发现的超痕量矿物质，可产生类似胰岛素的作用，对人体具有促进糖代谢、骨骼发育等作用。

90 什么是忌氯作物？

答：氯是作物的必需营养元素，但有些作物对氯离子非常敏感，当氯吸收量达到一定程度时会明显影响农产品及其制品的品质，这类作物称为忌氯作物。如烟草施用氯离子后会降低卷烟的燃烧性，容易"熄火"。西瓜、甜菜、葡萄等施用氯离子后能促进碳水化合物的水解，降低其含糖量。茶叶施用氯离子后会影响其品质和长势。忌氯作物有烟草、茶树、油茶、马铃薯、甘薯、甘蔗、西瓜、葡萄、柑橘、甜菜、苹果、白菜、辣椒、莴笋、苋菜等。因此，在这些作物上施用含氯化肥如氯化铵、氯化钾及其复混肥应格外慎重。

91　如何分清生理性病害与病原性病害?

答：作物病害分为生理性病害与病原性病害，两者是完全不同的两种病害。（1）两者病因不同。生理性病害是由某种养分缺乏所导致的，而病原性病害是由病菌或病毒侵害导致的。（2）症状表现不同。病原性病害一般在潮湿的环境下多发或重发，有发病中心，病斑处一般可见霉状物或脓状物，而生理性病害则不同，发生时叶片会自上而下或自下而上呈现较强的规律性症状，无发病中心，无症状物。（3）防治方法不同。生理性病害的防治方法是通过施肥补充所缺元素，而防治病原性病害则通过施用杀菌剂农药。若把生理性病害当作病原性病害来处理，就会出现盲目和滥用农药，不仅解决不了问题，而且会增加生产成本，污染产品和环境。

92　作物中有哪些病害是由缺钙导致的?

答：钙是作物所必需的中量元素，缺钙可导致一些作物发生生理性病害。番茄的蒂腐病或脐腐病，大白菜、甘蓝的"干烧心"或心腐病是由缺钙导致的。苹果的苦痘病和鸭梨的黑心病也是由缺钙导致的。

93　作物缺锌会有什么症状?

答：锌是作物必需的微量元素，一些作物已表现出缺锌症状。水稻缺锌时新叶基部失绿白化、叶型细小，易发生"坐蔸症"。棉花缺锌时植株矮小、脉间失绿。马铃薯缺锌时叶型变小、增厚。苹果、柑橘等果树缺锌时常表现为小叶簇生或莲座状，如苹果的"小叶病"、柑橘的"斑驳叶"、胡桃的"黄发病"。

94 哪些作物对硼较为敏感，缺硼会产生什么后果？

答：硼是作物必需的微量元素。蔬菜中的甜菜、芹菜、萝卜、花椰菜、白菜、油菜和抱子甘蓝等十字花科作物，果树中的苹果、梨、葡萄和杨梅，以及豆科作物对硼都有较多需求。缺硼会影响根、茎、叶的正常生长，产生一些病症，如菜用甜菜的溃疡病、萝卜的褐心病、芹菜的茎裂病和枝叶畸形等。特别是花对硼最为敏感，缺硼对开花结果会造成两个方面的不利影响：一是花而不实，如油菜空荚、花生空果、苹果"不实"症等；二是果而不良，果实小而畸形，木质化，果汁少。

95 配方施肥有科学理论依据吗？

答：配方施肥是有科学理论依据的，其科学理论主要包括：养分归还学说、营养元素同等重要与不可替代律、最小养分律、报酬递减律、因子综合作用律等。

96 什么是养分归还学说？

答：养分归还学说，《肥料合理使用准则　通则》的释义为："植物收获从土壤中带走大量养分，使土壤中的养分越来越少，地力逐渐下降。为了维持地力和提高产量，应将植物带走的养分适当归还土壤。"养分归还学说的实践意义在于：耕地使用后要施肥以保持地力。

97　什么是营养元素同等重要与不可替代律?

答：营养元素同等重要与不可替代律，其主要观点：植物的各种必需营养元素，包括大量元素、中量元素和微量元素，均具有各自的生理功能，相互之间不可替代，如不能用硅元素代替钾元素。不可替代律的实践意义在于：施肥要有针对性，缺什么元素补什么元素。

98　什么是最小养分律?

答：最小养分律，《肥料合理使用准则　通则》的释义为："植物对必需营养元素的需要量有多有少，决定产量的是相对于植物需要、土壤中含量最少的有效养分。只有针对性地补充最小养分才能获得高产。最小养分随产量和施肥水平等条件的改变而变化。最小养分随着产量和施肥水平等条件的改变而变化。"最小养分律也称"木桶效应"，如果木桶的每块板子代表不同的养分元素，那么其盛水量即产量就取决于最短的那块板子的元素的水平。最小养分律的实践意义在于：施肥要注意氮、磷、钾养分的比例和中、微量元素的协调，做到平衡施肥。

99　什么是肥料报酬递减律?

答：肥料报酬递减律，《肥料合理使用准则　通则》的释义为："在其他技术条件相对稳定的条件下，在一定施用量范围内，产量随着施肥量的增加而逐渐增加，但单位施肥量的增产量却呈递减趋势，施肥量超过一定限度后将不再增产，甚至造成减产。"肥料报酬递减律的实践意义在于：施肥要考虑经济效益，不宜过量施肥。

100 什么是因子综合作用律?

答：因子综合作用律，《肥料合理使用准则　通则》的释义为："植物生长受水分、养分、光照、温度、空气、品种以及土壤、耕作条件等多种因子的制约，施肥仅是增产的措施之一，应与其他增产措施结合才能取得更好的效果。"因子综合作用律的实践意义在于：施肥要综合考虑其他情况的影响，以达到增产增效的目的。

101 什么是测土配方施肥?

答：我国早在20世纪80年代就开展了配方施肥。配方施肥方法种类较多。测土配方施肥就是对目前所有配方施肥方法的统称。关于什么是测土配方施肥，《测土配方施肥技术规程》和《肥料合理使用准则　通则》给出的定义相同，即以肥料田间试验和土壤测试为基础，根据作物需肥规律、土壤供肥性能和肥料效应，在合理施用有机肥料的基础上，提出氮、磷、钾及中、微量元素等肥料的施用品种、数量、施肥时期和施用方法。测土配方施肥的原则：在养分需求与供应平衡的基础上，坚持有机肥料与无机肥料相结合，坚持大量元素与中量元素、微量元素相结合，坚持基肥与追肥相结合，坚持施肥与其他配套措施相结合。

102 配方施肥方法有哪些种类？

答：配方施肥方法种类繁多，早在20世纪80年代就曾有资料统计达60多种。但是无论什么方法，都是围绕作物、土壤、化肥、环境条件中的单项或多项因子与产量、效益之间的关系来开展的。单项因子配施法，如测土施肥法、地力分区（级）配施法、作物营养诊断法，只根据土壤、作物体内养分丰缺情况来确定氮、磷、钾养分用量；多项因子配施法，如目标产量配施方法，根据作物目标产量需肥量、土壤供肥量和肥料利用率等因子来计算氮、磷、钾养分用量。综合因子配施法，如肥料效应函数法，表面上看是肥料用量与产量、效益之间的关系，但实际上综合了土壤、当地气候、水分管理等因子。此外，还有配方法的综合，如用目标产量配方法加氮、磷、钾比例法，即用前者定氮用量，然后根据比例定磷、钾用量，可以概括为"以田定产、以产定氮、以氮定磷钾"。

103 目标产量配方法是如何计算化肥用量的？

答：目标产量配方法是用得较多的一种配方方法，其化肥用量计算方法如下。第一，确定目标产量。就是根据地力期望并可能达到的产量，一般为前3年平均产量的110%左右，然后根据每100千克产量需氮、磷、钾养分量计算出实现目标产量所需要的氮、磷、钾总养分量，每100千克产量需氮、磷、钾量有相对的参数值。第二，确定作物所需化肥养分量。有两种方法：一种是将目标产量所需总养分量减去土壤供肥量得出所需化肥养分量，土壤供肥量一般很难计算，可根据有效养分校正系数法计算而得；另一种是将目标产量所需养分量减去无肥区产量所需养分量，得出增产部分所需化肥养分量。第三，确定田地实际需施化肥养分量。由于施入的化肥养分不可能百分之百被利用，所以需将施入化肥的养分量除以化肥养分的利用率得出实际需施入的化肥养分量，氮、磷、钾养分利用率不是恒定的，但可选取一个参考值。第四，确定不同化肥实物用量。由于不同的化肥其氮、磷、钾养分的含量是不同的，所以最后还必须除以化肥养分含量得到化肥实物用量。

104 什么是配方肥料？

答：根据《肥料登记管理办法》，配方肥是指利用测土配方技术，根据不同作物的营养需要、土壤养分含量及供肥特点，以各种单质化肥为原料，有针对性地添加适量中、微量元素或特定有机肥料，采用造粒工艺加工而成的，具有很强的针对性和地域性的专用肥料。根据《测土配方施肥技术规程》，配方肥料是指以土壤测试、肥料田间试验为基础，根据作物需肥规律、土壤供肥性能和肥料效应设计配方，由此生产或配制成的适合于特定区域、特定作物的肥料。两者定义虽然表述不同，但共同点就是针对作物需肥规律及特点而配制成的含有氮、磷、钾养分和特定中、微量元素的专用混合肥料。

105 如何推广使用水稻配方肥？

答：水稻配方肥是水稻测土配方施肥的物化技术，其氮、磷、钾配比较合理，有的加入微量元素。使用简便，肥效较同等养分含量的复合肥好。但水稻配方肥使用范围还不够广，其原因主要有两个。（1）田间实际使用时存在"不便"。配方肥氮、磷、钾比例合理是对水稻各养分总需求而言的，但是实际上田间作物不同阶段所需氮、磷、钾养分的比例是不一样的，配方肥不如氮、磷、钾等含量的复合肥方便搭配使用。（2）配方肥价格比等含量复合肥偏高些，经济困难的农户存在惜买情况。推广水稻配方肥的主要措施如下。（1）加强宣传施肥效果。配方肥虽价格偏高，但配方肥施用后增产增收比非配方的复合肥效果好。（2）根据水稻各生育阶段需肥情况，生产供应水稻某生育阶段的配方肥。（3）培训指导农户如何在田间科学搭配使用配方肥。（4）出台优惠政策，对购买使用配方肥的农户给予价格补贴，使其价格低于同等含量的复合肥。（5）团购配方肥料。种田大户可组织农户去批发购买配方肥，降低肥料价格。

106 什么是水稻氮素运筹模式？

答：在水稻所施用的氮、磷、钾肥料中，氮素肥料最为"敏感"或"活跃"，与产量相关性最为明显，故在水稻氮、磷、钾肥料的运筹中，提及并运用最多的是氮素运筹模式。氮素运筹模式是指施入稻田中的氮素养分用量在基肥、分蘖肥和孕穗肥之间的分配比例。在氮素养分总用量及施入时间相同的情况下，不同的氮素运筹模式，其产生的产量效应是不同的。关于水稻氮素运筹模式类型，在原先的江西省水稻测土配方施肥专家咨询系统和现在的江西省测土配方施肥专家系统中所用的氮素运筹模式均为40%：30%：30%；在江西省双季晚粳高产栽培技术中，中晚粳稻氮肥运筹模式为50%：20%：30%或40%：30%：30%。

107 什么是水肥一体化技术?

答：水肥一体化技术，就是利用滴灌设施技术将水肥一体化后的全营养水溶肥按照作物养分需求规律进行定时、定量施肥的精准施肥技术，也可简称滴灌施肥。其流程：将可溶性的固体或液体肥料配备到灌溉水中形成全营养水溶肥，然后通过滴灌管道设施系统定时、定量、均匀地滴到每株作物根系生长区域，浸润根系区域土壤，使根系处在良好的土肥环境中，促进和保持作物健康生长，实现作物丰产丰收。水肥一体化技术是一项先进的施肥技术，使用该项技术不仅可节水50%以上、节肥30%以上、节省大量人工，而且可增加产量10%以上，还可使果菜早上市7天以上，争取市场商机。水肥一体化技术的核心问题：一是控制安全浓度，防止肥料烧根烧苗；二是控制合理用量，少量多次，提高肥料利用效率；三是控制养分平衡，提高产品品质。水肥一体化技术应注意系统管道堵塞、盐害、过量灌溉、养分平衡、施肥均匀度等问题，提高水肥一体化的效率。

第四部分
需肥特点与植物施肥

108 水稻需肥有什么特点？

答：水稻是我国的主要口粮作物，其需肥特点如下。（1）水稻对氮、磷、钾吸收量有一定的幅度。每生产稻谷和稻草各500千克，需吸收氮（N）7.5～12.0千克、磷（P_2O_5）4～6.5千克、钾（K_2O）9～19千克，其中以钾的吸收量范围最大。（2）水稻各生育期对养分的吸收，因类型不同而有较大差别。杂交水稻在分蘖至孕穗这一阶段是氮、磷、钾三要素吸收高峰期，占总吸收量的60%～70%，且对氮的吸收以分蘖期稍多于幼穗形成期，对磷、钾的吸收则以幼穗形成期为最多。（3）氮肥施在表层土壤，能促进水稻上位根活力，促进分蘖；当氮肥深施时，能提高下位根活力，增加每穗颖花数。在水稻开花以后追施磷肥会抑制体内淀粉的合成而阻碍籽粒灌浆。施钾肥能提高水稻对恶劣环境条件的抵抗力。（4）对硅及微量元素有需求。硅是其有益元素，水稻是吸收硅最多的作物，足量的硅能增加水稻对病虫的抗性。锌是其敏感元素，苗期易缺。

109 "籼改粳"种植模式施肥应把握哪些技术要点？

答：江西省自2009年开始探索北粳南引，推进"籼改粳"工程，面积不断扩大，单产水平不断提高。江西省景德镇市同步开展了包括粳稻化肥减量增效试验在内的粳稻试验示范工作。粳稻比籼稻耐肥耐寒、产量高，粳稻在施肥上应注重以下4点。（1）控制氮肥用量。粳稻用肥量比籼稻略多，但化肥氮素用量应控制在与产量相对应的定额用量之内。控化肥的同时需增施有机肥来改良土壤，提升地力，以防养分供应不足。（2）注重氮素运筹。粳稻穗粒多、分蘗力不强，靠栽不靠发，因此分蘗肥不宜过多，氮素运筹比重不宜过大。（3）保持肥力后劲。粳稻生育期长，可充分利用后期温、光资源。为防生长后劲不足，应重视基肥和穗肥施用。在壤土和黏土中基肥可多施。穗肥时间不可太前移，以孕穗中后期施用为宜。（4）重视钾肥施用。孕穗肥增施钾肥，可促进籽粒结实和增重。

110 都昌县高产再生稻是如何进行肥水管理的？

答：再生稻是利用头季稻收割后稻桩的再生能力再收获一季水稻的种植制度或模式。再生稻以前就有，但产量不高。近年来由于突破了技术瓶颈，再生稻两季产量显著提升。2021年经专家现场测产，江西省都昌县蔡岭镇杨湾村再生稻甬优4949头季平均亩产700多千克，再生季平均亩产400多千克。实践表明，再生稻比一季稻增产稻谷，比双季稻节肥节本增效，较好实现了稻谷增产与粮农增收的统一。再生稻焕发出活力和生机，具有良好的发展前景。高产再生稻的关键技术主要包括：一是选用再生能力强的水稻品种，如甬优4949、Y两优911、荃优822等；二是头季尽量早播，确保8月10日前收割，留桩高度应控制在30厘米左右，有利于再生芽的萌发；三是把握头季稻施肥时间节点和用量，注意施好促芽肥，在头季稻收获前7~10天施用；四是掌握好头季稻收割时间，在8月10日前头季稻成熟度达到90%~95%时及时收割，收割前7天要断水，尽量减轻收割机碾压损伤，头季收割后及时灌水促芽，切忌深水浸泡，同时科学施用九二〇（赤霉素）和叶面肥防早衰促平衡。

再生稻的肥水管理措施如下：4月中旬插秧，插秧前每亩大田施45%（15-15-15）复合肥30千克作基肥，或插秧同步侧深施肥；

插秧后10~12天亩施尿素10千克作分蘖肥；插秧后35~40天亩施尿素7.5千克、氯化钾10千克作孕穗肥；头季收割前10天用无人机撒施尿素15千克，收割后2天内喷施1次叶面肥，10天后亩施45%（15-15-15）复合肥10千克，促再生芽早生快长、粗壮稳大；针对再生季根系活动较弱和抽穗不整齐的特点，在再生季破口抽穗1周后（即未被压倒稻桩部分齐穗时）可亩用磷酸二氢钾200克加"九二O（赤霉素）"1~2克兑水50千克喷施，促进被压倒稻桩再生穗早熟和提高结实率，防止未被压倒稻桩再生穗早衰，从而把好再生季增产和两季高产的最后一关。按照"浅水机插不浮苗，薄水活苗促分蘖，适时经常轻晒田，浅水孕穗至扬花，干湿交替到收割"的原则进行水分管理。头季收获前7天断水，切不可断水过早，确保叶青秆秀、谷籽黄熟、根系有活力、机收不陷泥，同时注意防止倒伏。头季收割后当天或第二天及时灌跑马水，之后采取干湿交替灌溉方式，养根保叶，直到再生稻收割。

111 有机稻生产对施肥有何要求？

答：有机稻生产是指遵循自然规律和生态学原理，遵照有机稻生产标准和规范，因地使用传统农业耕作方式，在生产中不采用基因工程获得的生物及其产物，不使用化学合成的农药、化肥、生长调节剂等物质，不乱用对土壤及环境有毒害的物料，充分利用当地农业系统内的可再生资源，大力应用循环卫生农业物质技术，以保持稳定、安全、高效的水稻生产体系的一种生产方式。由此可见，有机稻生产对肥料的要求有两个：一是在生产中不得直接使用化学合成的肥料，符合卫生安全标准的矿质肥料可以使用；二是施用有机肥料应优先使用以本生产单元或其他有机生产单元的作物秸秆及其处理加工后的废弃物、绿肥、无害化处理过的畜禽粪便为主要原料制作的农家堆肥，以维持和提高土壤的肥力、营养平衡和土壤生物活性。在自制农家堆肥不足的情况下可以使用经过有机认证的商品有机肥料。

112 "稻蛙共养"有机稻是如何进行肥水管理的?

答："稻蛙共养"就是在有机稻田里的某个时间段科学放养青蛙，利用青蛙捕捉害虫，青蛙产生的粪便直接肥田，养殖前及养殖后施有机肥，不施化肥和农药，实现有机稻和蛙双丰收。江西省浮梁县江村乡沽演村的种养合作社采用"稻蛙共养"模式种植有机稻，其有机稻获得2021—2022年有机产品认证证书。有机稻亩产300～350千克，加工有机大米150千克左右，青蛙亩产200千克左右，"稻蛙共养"亩产值7 000元左右，亩纯利润4 000元左右。

选择田、水、空气符合有机稻种植条件的稻田进行"稻蛙共养"。共养稻田种植紫云英绿肥，盛花期翻耕沤肥。有机稻品种选择常规优质品种金良一号。有机稻田每20亩左右安装1盏太阳能灯光诱捕装置。有机一季中稻一般在5月25日至6月15日播种，6月20日至7月10日移栽。栽插后10天左右追施有机肥150千克/亩左右。栽后30天左右进行人工耙田，人工耙田后，将水放干开始晒田，过1周左右，再放水进田，将孵化池里的幼蛙投放到围好的稻田里，每亩投放幼蛙75～100千克进行共养，蛙单个重15克。青蛙在稻田的时间为90天左右。在水稻扬花前10天左右，采用人工在夜间将稻田中的青蛙捕捉出售，青蛙亩产200千克左右，蛙单个重量平均50克左右。在水稻抽穗扬花前亩施腐熟菜枯饼50千克。有机水稻成熟后及时收割，尽量用人工晒干，保证米质优、质量好。

113　万年贡米是如何进行土肥水管理的？

答：万年贡米米质优良，以粒细体长、形状似梭、质白如玉，煮之软而不黏、柔糯可口而著称，素有"一亩稻花香十里，一家煮饭百家香"之美誉。万年贡米历史悠久，是江西省万年县主导产业，被授予国家地理标志保护产品，年综合产值达20亿，品牌价值超57亿。

万年贡米适宜栽培在高、中丘陵地区的山垅及山上树多林茂、田垄较窄、耕作层较深的田块，这种田块兜风且日照直射时间短，伏天雷阵雨多，昼夜温差较大。水稻土以潴育型为主，土层一般较厚，质地稍黏，耕作层15厘米左右，土壤有机质含量要求较高，全生育期要求日均气温25℃左右、昼夜温差>10℃。

万年贡米在施肥管理上以有机肥为主，通过开展秸秆堆沤、稻田绿肥翻耕覆盖等措施，广开肥源，培肥田土。同时，科学配施化肥。一般每年分4次施肥：第一次为基肥，在冬季以稻草及田边杂草返田，同时每亩施1 500～2 500千克的猪、牛粪，进行土壤翻耕，翻耕深度15～20厘米；第二次追肥在插秧后10天左右，禾苗叶色淡黄、茎叶硬直的田块可亩施45%（15-15-15）硫酸钾型复合肥5千克和尿素4～5千克，晒田不到位叶色青绿的田块可亩施复合肥和氯化钾各5千克，促进分蘖；第三次施肥在禾苗封行时，结合晒田后复水亩施腐熟饼肥25～30千克，攻穗大粒多；第四次为粒肥，齐穗期后如果养分不足，禾苗长势差，要喷施粒肥，每亩用尿素1千克加磷酸二氢钾100～150克兑水50千克进行叶面喷施，每隔7天左右喷1次，连喷2次，以提高结实率和增加粒重。

114 武功玛瑙有色稻是如何进行肥水管理的?

答：武功玛瑙有色稻，产自江西省萍乡市，以当地名山武功定名。该品种以"余香A"不育系为母本、"宏-3"恢复系为父本，于2015年育成，属特种稻优质米新组合。该组合禾苗分蘖力强，茎秆基部呈红色，谷粒乳尖紫红色、有短芒，米粒紫红色，糙米胚褐红色，胚紫红色，精碾后米粒米白色，米粒中长，品质优。饭味清香，口感好，富含铁、锌、硒等微量元素以及维生素 B_1、维生素E、蛋白质、膳食纤维和十几种氨基酸类物质。全生育期126天左右。常规种植平均亩产干谷550~600千克，加工成玛瑙胚芽米385~420千克，价值远超一般大米。

该组合可进行试种。5月中下旬播种，6月上中旬移栽。亩产稻谷600千克的大田肥水管理方法如下。（1）在施肥方面。在紫云英绿肥还田的基础上，基施45%（15-15-15）复合肥30千克，移栽后7~10天亩追施45%（15-15-15）复合肥30千克。禾苗进入圆秆拔节期，每亩施氯化钾10千克，肥料不足的褪色田块加尿素2~3千克与氯化钾混合施用，确保禾苗后期功能叶叶色正常青绿。孕穗至抽穗期间喷施磷酸二氢钾，用量为每亩100克，兑水30千克喷施，促进谷粒充实度高，籽粒饱满。（2）在管水方面。采取浅水分蘖、够苗晒田、孕穗扬花浅水、灌浆结实干湿交替的方法，有色稻后熟期长，严防后期断水过早影响壮籽率。

115 杂交稻制种田如何进行肥水管理?

答：江西省萍乡市是我国杂交水稻制种历史上起步最早的地区之一。1973年，由时任萍乡市农业科学研究所技术员颜龙安

（现为中国工程院院士）领军的科研团队选育出珍汕97A不育系，培育出杂交水稻强优势组合"汕优2号"，率先在全国实现杂交水稻"三系"配套，推动了我国水稻育种革命和粮食产量的飞跃，萍乡市成为我国最早最大的杂交水稻种子繁育基地。到2020年全市制种面积达15万亩，亩产量150～200千克，杂交水稻制种产量达到2 650万千克，基地供种面积超过2 200万亩，产值达到7亿元。

　　制种的田间管理与大田水稻栽培的田间管理程序基本一致，但由于制种时父母本不是同时播种，因而移栽也可能有先后。父母本移栽后的一同管理又叫共生管理，因此，管理的平衡关系到父母本的花期相遇程度和制种产量。（1）移栽后的施肥管理。底肥每亩施48%（16-16-16）复合肥30千克左右。父母本移栽3～5天后开始追肥，每亩施48%（16-16-16）复合肥10千克，促使父母本早生快发，稳健平衡生长。栽后10～15天亩追施氯化钾3～4千克。母本发育到幼穗分化第5期时（始穗前12天左右）亩施氯化钾2千克加尿素2千克作穗肥，以增加穗粒数和粒重。（2）水分管理。活蔸露田、浅水分蘖、足苗晒田。孕穗抽穗期适时适度晒田，即把握"时到不等苗，苗到不等时"的原则。母本在倒4叶开始露尖时晒田，晒田要根据苗情及田块情况适度晒田。肥田、深泥田、低洼渍水田和长势过旺的田块要早晒、重晒；地力较差、长势弱的田块可以轻晒。父母本发育到幼穗分化第3期至抽穗前田间不能断水，否则会影响父母本的颖花数。母本发育到幼穗分化第5期时（始穗前12天左右）每亩用2千克氯化钾加2千克尿素作穗肥追施，以增加穗粒数和粒重。收割前3天断水，及时收获。

116　玉米套种竹荪地是如何进行土肥管理的？

　　答：竹荪为珍稀食用菌，子实体菌盖墨绿色，菌柄和菌裙洁白，亭亭玉立，被誉为菌中皇后、林中仙子。竹荪含有丰富的蛋白质、脂肪、碳水化合物、纤维素、多种维生素和钙、磷、钾、镁、铁、硒等矿物质和竹荪多糖。竹荪的蛋白质中氨基酸含量极为丰富，其中谷氨酸含量最高，是竹荪味道鲜美的主要原因。竹荪的主要功效是增强抵抗力、降血脂、护肝和改善便秘。竹荪的营养价值和医疗保健价值很高，市场价格也很高。

玉米套种竹荪种植模式有利于提高竹荪的产量和品质，也有利于提高综合经济效益。玉米套种竹荪种植方法：从11月至翌年5月，在平整的土表上铺放培养料，稍拍平后在料面点播菌种，铺料接种完成后随即覆土并均匀覆盖稻草或茅草。竹荪采收时间为5月下旬至9月中下旬。玉米的播种在竹荪栽培的覆土盖草工艺完成以后进行，播种时间一般为3月中旬至6月下旬，可采用直播，点种于畦床两旁，每穴2粒，株距30厘米，种植密度为每亩3 000～3 300株。当玉米苞叶颜色开始发黄、玉米须变黑后，就要及时采收，采收时间一般在5月下旬至9月中旬。

玉米套种竹荪地块施肥方法：玉米套种竹荪地块一般分3次施肥：第一次，定苗前后进行1次中耕除草，穴施45%（15-15-15）复合肥1次，每亩用量为20千克；第二次，拔节时进行深中耕，结合培土，追施"攻秆肥"，穴施45%（15-15-15）复合肥1次，每亩用量为25千克；第三次，大喇叭口期追施"攻穗肥"，穴施45%（15-15-15）复合肥1次，每亩用量为30千克。此外，做好玉米病虫害防治工作。

117 浮梁山区两季高产玉米是如何施肥的？

答：浮梁县位于江西省东北部，属丘陵山区，以茶叶、水稻为主要农作物。但浮梁山区农户有利用房前屋后、山边地角等散地或自留地零星种植一些玉米的习惯。全县玉米种植面积2万亩以上。玉米种植一般种植一季，但也有一些地方利用大棚育秧技术收获嫩玉米时种植春、秋两季玉米，秋季玉米收获前可套种白菜，增加收益。玉米种植品种为赣新超甜6000、赣新金甜2000、赣新美甜6号。玉米每季亩产1 250千克左右。

春玉米在2月进行大棚育苗，出苗后直接在大棚里移栽生长，种植规格0.3米×0.7米；或直接在大棚里穴播，每亩种植3 150株左右，开花后（清明前后）揭棚。春玉米收获约1个月后种植秋玉米。春玉米、秋玉米施肥方式基本相同，一般施3道肥。（1）底肥。早玉米地亩施腐熟鸡粪350～500千克，施肥后进行耕翻。秋玉米底肥看地力情况可少施或不施。（2）苗肥。结合间苗，每4株施用约30克尿素或40克45%（15-15-15）复合肥，肥料施于两株中间。（3）攻苞肥。待玉米出穗后亩施45%（15-15-15）复合肥20千克，每株约6克。地里杂草是否施用除草剂视地里杂草长势情况而定，当玉米苗高30厘米左右、而杂草长至20厘米左右时，就要施用除草剂。

118 吉水高粱是如何施肥的？

答：高粱是我国传统的五谷之一，具有保护心血管、补钙、调节血糖等功效。江西省吉安市吉水县种植高粱历史悠久。种植品种现以"湘两优糯粱一号"为主，全县种植面积1 000余亩，平均亩产可达400千克。

高粱适于土质肥沃、土层深厚、地力均匀、地势平坦、灌溉方便的壤土或砂壤土，两年实行1次轮作。高粱是一种需肥量较大且喜钾的作物。高粱一般采取基肥、种肥、追肥的施肥方法。（1）基肥。亩施腐熟有机肥1 500千克，在耕地前把肥料均匀撒在地面上，然后翻地整平耙细。（2）种肥。亩施45%（15-15-15）硫酸钾型复合肥50千克，采取条施方式，在距离种子10厘米处开条沟，把肥料均匀施在沟内，最后再覆盖一层土，防止烧种烧苗。（3）追肥。追肥分两次进行，拔节期进行第一次追肥，每亩追施尿素10千克；孕穗期进行第二次追肥，每亩追施尿素5千克、氯化钾5千克。抽穗至灌浆期结合病虫害防治同时喷施磷酸二氢钾叶面肥。每次追肥后应及时浇水。

119 关山荞麦是如何施肥的?

答：荞麦，也叫乌麦、净肠草，是重要的杂粮作物，在我国古代曾是重要的粮食作物和救荒作物。荞麦含有蛋白质、脂肪、碳水化合肥、膳食纤维、亚油酸、烟酸、黄酮类物质、芦丁、维生素B_1、维生素B_2、维生素E及多种中、微量元素，享有"五谷之王"的美称。荞麦中含有丰富的PMP（芦丁类强化血管物质），食用后有防治糖尿病、降低血压、改善动脉粥样硬化、防止脑中风的作用。荞麦还有助于清理肠道沉积废物，因此民间称之为"净肠草"；荞麦壳做枕头材料也有良好保健作用，对失眠、多梦、头晕等具有一定的缓解作用。但是，荞麦性寒，过量食用会导致脾胃虚寒，宜限量食用。荞麦处暑（8月23日）播种，霜降（10月23日）收获，一般亩产80～100千克。供水有保障的高产田，亩产量可达125～150千克。荞麦主要是用来磨成荞麦粉，每100千克荞麦可出粉80千克，每千克粉售16～18元，亩产值约1 000元。荞麦秋季开花，有的地方探索发展"荞麦种植+花海观赏+休闲农业"秋季农业发展模式，拓展农业功能，提升荞麦的社会经济效益。

江西省景德镇市昌江区鱼山镇关山村有种植荞麦的传统，常年种植200亩左右，当地将此地生产的荞麦称为关山荞麦。荞麦一般种植在水源无保障的旱地上，遇天旱而不宜种植水稻的田地也会用来改种荞麦，荞麦基本上作为秋季填空作物。荞麦对土壤无特别要求，但肥沃的土壤，其产量更高。施肥以"基肥为主、种肥为辅、追肥为补"。荞麦前茬为油菜，油菜施肥多，油菜秆自然腐烂，翻耕时作有机肥料，在油菜地种荞麦基本不另施基肥。未种油菜且地较瘦瘠的，应结合翻耕，亩施农家肥500~750千克作基肥。土壤肥力较差的田块，播种时用45%（15-15-15）复合肥10千克作种肥，随拌随播。荞麦生长中期（9月30日左右）视土壤肥力及长势进行追肥，一般亩施45%（15-15-15）复合肥15~20千克。荞麦为旱地作物，也需要水。限制荞麦产量的主要因素是水，秋季降雨多则产量高。但是荞麦也怕水，遇大雨应及时排水，防渍害。当荞麦70%籽粒呈现本品种固有色泽即为成熟，先割断在田间放置7~10天，然后进行脱粒收获。

120 中稻田免耕直播高产油菜是如何施肥的？

答：油菜-中稻是江西省稻田最多的一种耕作制度。中稻收获后，有不同的油菜种植方式。江西省浮梁县油菜一般采取中稻田免耕直播方式种植。每年9月下旬至10月中旬，中稻收割（用配有灭茬粉碎机的收割机收割）后，直接播撒油菜种子，再利用开沟机开沟的泥土覆盖油菜种子。畦宽1.2米左右。油菜品种为中油杂19号，用种量0.27~0.3千克/亩，一般亩产油菜籽130千克左右。

中稻田免耕直播方式种植油菜其施肥方法如下。播种后1个月左右，待下雨前，亩用尿素10千克和45%（15-15-15）复合肥15千克与硼肥2千克混合，搅拌均匀，进行第一次追肥。在翌年1月中旬，亩用45%复合肥25千克，进行第二次追肥。在油菜初花期和盛花期用多菌灵加硼肥（速乐硼）20克和磷酸二氢钾200克兑水20千克各喷施1次。中稻田免耕直播方式种植油菜易生杂草，播种后，3天内喷施乙草胺，防止杂草萌发。待油菜长出3~4叶时，用丙酯草醚兑水喷雾再进行1次化学除草。

121 稻田翻耕直播油菜是如何进行肥水管理的？

答：江西省高安市是我国主要的油料作物生产基地之一，涵盖花生、油菜、芝麻、油茶等品种，是"中国好粮油"行动示范县。油菜是高安市的传统优势经济作物之一，全市油菜收获面积17.18万亩。主要采取稻-油轮作方式种植油菜，油菜种植方式以翻耕直播为主，10月下旬至11月初油菜施完基肥后直播，直播方式以撒播为主，有条件的大户采用无人机飞播。直播油菜亩产油菜籽150千克左右。

稻田翻耕直播油菜肥水管理措施如下。10月下旬至11月初水稻收割完开始施油菜基肥，翻耕前亩施45%（15-15-15）复合肥35~40千克或每亩施用40%（25-7-8）油菜缓释专用肥30~50千克。薹期，12月下旬至1月初亩追施尿素5~6千克。施肥之后可以浇1次水，这样可以稀释肥料的浓度，使肥料快速渗透到土壤中，有利于油菜根系更好地吸收肥料，特别是在油菜生长旺盛期（薹期）需要有充足的水和肥料。开花前视苗情，选择较好天气（喷后1天内不下雨），施硼砂0.5~1千克/亩。油菜地一般保持土壤微微湿润最为适宜，观察到土壤发干后就需要及时浇透水。浇水过多或者雨季的时候，要及时给油菜地排水。在天气比较寒冷的时候，一般适宜在中午浇水，如果气温比较高，那么最好在上午或者傍晚浇水。

122 蔬菜作物营养特点有哪些?

答: 蔬菜作物与其他作物相比有其自身特点,主要表现在4个方面。(1)需肥量高。蔬菜复种指数高,一年种几茬,产量高,带走养分多,因此需肥量高。(2)喜硝态氮。研究与实践表明,水稻喜铵态氮,而蔬菜喜硝态氮,大多数蔬菜在施用硝态氮肥后生长良好。(3)需钙量多。这是因为蔬菜吸收大量硝态氮后体内形成较多的草酸,当体内钙不足以中和大量草酸时,就会引起生长点的萎缩。番茄的脐腐病、白菜的干烧病均是常见的缺钙生理性病害。(4)含硼量高。多数蔬菜作物的含硼量是水稻等粮食作物的几倍甚至是几十倍。在土壤有效硼含量较低时,蔬菜作物易出现缺硼症,如芹菜茎裂病、甘蓝褐心腐病、萝卜褐心病等生理性病害。

123 红尖叶莴笋是如何进行肥水管理的?

答: 江西省乐平市种植蔬菜历史悠久,明清时即有专业菜农。目前,乐平市是全国无公害蔬菜生产示范基地县(市),乐平蔬菜产业现发展成为乐平农业最具优势、带给农民最大实惠、市域经济增长最具潜力的主导产业。乐平蔬菜不仅种植品种较多,而且有几个蔬菜品种具有一定的规模和名气,其中最为突出的是莴笋,形成了全国最大的红尖叶莴笋基地,面积达3万余亩。2019年发布了江西省地方标准《乐平冬莴笋栽培技术规程》。红尖叶莴笋9月上中旬播种,10月中下旬定植,12月中下旬至翌年3月收获。平均亩产4 000千克以上,亩产值1万元以上。

红尖叶莴笋产地应排灌方便、地下水位较低、土层深厚疏松的地块,宜选用福建的飞桥莴笋二号、四川的火凤凰香莴笋和一品红香帅莴笋等品种。定植前15天进行整地、施基肥。在中等肥力土壤条件下，结合整地，每亩施无害化处理的有机肥1 500～2 000千克和45%（15-15-15）复合肥50千克，肥料撒施，与土壤混匀，整平耙细后做成宽60厘米的畦，沟宽40厘米，定植后2～3天浇缓苗水，保持土壤湿润。莲座期中耕培土1～2次，结合浇水亩施尿素5～10千克、氯化钾2～5千克。肉质茎形成期保持土壤湿润，结合浇水追施45%复合肥10千克。收获前20天不追肥。

124 大叶水芹是如何进行肥水管理的?

答：大叶水芹是江西省乐平市菜农在长期栽培中优化选育出来的一个地方品种。该品种具有较耐热、更耐寒、化渣度高、早熟性好、产量高、品质脆嫩等特点。乐平大叶水芹供应期长，每年10月至翌年4月陆续采收，尤其是其盛产期为春节前后，正值淡季缺菜时期，在平衡蔬菜周年供应上有特定意义。全市大叶水芹种植面积3 000余亩，平均亩产5 000～6 000千克，亩产值近2万元。

大叶水芹一般秋冬栽培，常于7月底至8月上旬将芹鞭降温保湿催芽，8月中旬至9月上旬排种。乐平水芹肥水管理措施如下。（1）施足底肥。亩均撒施充分腐熟的农家肥1000～1500千克或商品有机肥1000千克。（2）适时追肥。追肥2次：第一次于嫩茎叶生长至10厘米时追肥，亩用磷酸二铵10千克；第二次于嫩茎叶生长至20厘米时追肥，亩用磷酸二铵30千克。（3）管好水分。排种后保留2～3厘米深的水，之后随着生根发芽逐渐加深水位。

125 登龙粉芋是如何进行土肥水管理的?

答：登龙粉芋是江西省吉安县登龙乡特产，有近百年的栽培历史，是农产品地理标志保护产品。母芋单个较小，芋子较多，大小均匀，偏圆形。肉质白而细嫩，口感润滑、细腻。全县种植面积达0.5万亩，一般亩产2 000千克左右。3月中旬播种，地膜覆盖栽培，10月开始收获。

选择两年以上未种过薯芋类作物的田块，前茬作物收获后，及时深翻晒田，做畦前撒施生石灰100千克/亩或者用真菌性杀菌剂进行土壤消毒。在播前1周左右深翻40～50厘米，深翻前每亩施有机肥5 000千克、磷酸二铵35千克、45%（15-15-15）硫酸钾型复合肥50千克作基肥。单行种植，按宽110厘米做畦，畦面中间开种植沟，沟深10厘米，沟宽15厘米。芋头苗齐后第一次追肥，亩施45%（15-15-15）硫酸钾型复合肥30千克、尿素10千克，施肥结合锄草、培土；5月上旬芋头开始膨大时（5～6叶期）第二次追肥，亩施45%（15-15-15）硫酸钾型复合肥50千克、硫酸钾20千克、生物有机肥50千克、硼锌镁肥2千克，施于厢边覆土；6月上旬（9～10叶期）第三次追肥，亩施45%（15-15-15）硫酸钾型复合肥50千克、硫酸钾20千克，均匀混合施于厢面上，浅土盖肥，施肥前应拔除田间四周杂草。8月以后不再施肥。水分管理：前期保持土壤湿润，出苗期忌浇水，中后期需水量多，及时灌水；高温季节要避免中午浇水，干旱时灌跑马水，生长高峰期要保持沟底3厘米以下的水，采收前20天应控制浇水；雨天排水防渍。

126　香芋是如何进行肥水管理的？

答：香芋，又叫地栗子。香芋全身是宝，芋叶可作猪饲料，芋茎可作腌菜，香芋块根含有淀粉、粗纤维、粗蛋白质、还原糖、多种维生素、微量元素和氨基酸，熟食具有肉质细软、松酥可口、芳香气浓的特点，具有补气养肾、健脾胃之功效，是集蔬菜、粮食和药膳于一体的稀有名贵作物，被称为"蔬菜之王"。江西省乐平市浯口镇常年种植香芋200~300亩，母芋大，单个重2~4千克，子芋小，一般亩产3 000~4 000千克，3月中旬播种，地膜覆盖栽培。11月上旬开始收获。

香芋种植选择排灌方便、土壤pH值6左右、疏松砂壤土为宜。前茬物收获后，及时翻耕晒田做畦。做畦前撒施生石灰100千克/亩或者用真菌杀菌剂进行土壤消毒清杀。在播前7天左右进行深翻40~50厘米，深翻前每亩施45%（15-15-15）硫酸钾型复合肥75千克作底肥。单行种植，畦宽120厘米，畦面中间开种植沟，沟深15厘米，沟宽20厘米。香芋生长期间追施3次肥：香芋苗齐后进行第一次追肥（4月下旬），结合锄草、培土，亩施45%（15-15-15）硫酸钾型复合肥50千克、尿素15千克；5月上中旬开始芋头膨大（4~5叶期）进行第二次追肥，亩施45%（15-15-15）硫酸钾型复合肥100千克；6月上、中旬（8~10叶）进行第三次追肥，亩施45%（15-15-15）硫酸型复合肥50千克，浅土覆盖，同时拔除田间杂草。8月以后不再施肥。水分管理：前期保持土壤湿润，出苗期忌浇水，中后期需少量水，要及时灌水，保湿温润。高温季节要避免中午浇水，做到日排夜灌。保持沟底浅水，采收前30天应控制浇水，排水防渍，保畦爽。

127 高安上湖辣椒春提早栽培是如何进行土肥水管理的？

答：江西省高安市上湖乡种植的辣椒具有"形优、色佳、味美、质好"等特点，"上湖"牌辣椒被评为江西省著名商标。全市辣椒播种面积10万亩以上，其中辣椒设施避雨栽培规模2.5万亩，品种主要有辛香一号、辛香二号等。高安上湖辣椒春提早栽培（10月上旬播种育苗，2月下旬至3月上旬定植，4月下旬至7月中下旬采收。选择耐低温弱光的早、中熟品种。

肥水管理措施：定植前土壤深耕2次，第一次深耕在1月下旬至2月初进行，耕地前每亩施入生石灰200千克，主要作用是中和土壤酸性和杀菌；第二次深耕在2月上旬进行，耕地前每亩施入商品有机肥400千克（有机质≥30%，$N+P_2O_5+K_2O≥4\%$）及45%（15-15-15）硫酸钾型复合肥50千克作基肥。开花坐果后每亩追施45%（15-15-15）硫酸钾型复合肥5~8千克。以后每采摘一批果每亩追施矿源黄腐酸钾叶面肥0.5千克。在为辣椒浇水施肥的时候，先施肥再浇水。这是因为追肥后会有一部分的无机盐和肥料残余在辣椒的根茎表面和土层表面，此后再浇水能够冲散这些残余的物质，让辣椒更充分地吸收。在辣椒盛果期7~10天的时间内要保证辣椒的水分供应，使土壤处于长时间的湿润状态。

128　上栗黄瓜是如何进行土肥水管理的?

答：上栗黄瓜是江西省萍乡市上栗县的传统农作物，属于华南型白黄瓜早熟品种。上栗黄瓜植株蔓性，长150~180厘米。瓜果长棒形，长32厘米，横径4.3厘米，单果重一般0.5千克，最大可达0.75千克。主蔓结瓜为主，水分多，品质好。早熟耐寒，生长期90~100天，抗病虫性强，亩产2 500千克左右。上栗黄瓜设施栽培可在1月上中旬育苗，定植时间为2月下旬至3月上旬，有保温条件的也可适当提前，定植于塑料小拱棚或塑料大中棚扣小棚内覆盖栽培，4月采收。

上栗黄瓜选富含腐殖质、保水保肥的黏质壤土做深沟高畦栽培。前作收获后，深翻20~23厘米，耙细土块，整平畦面。每亩施腐熟有机肥2 000千克作底肥，定植前20天扣上大棚膜，设置小棚并覆膜。栽植前，用清水浇透营养钵，再用65%代森锌可湿性粉剂500倍液喷叶防病，选无风、暖和、晴天10：00—15：00栽植，栽时用肥沃细碎园土，最好以营养土放于营养钵周围，栽后用腐熟稀粪水浇透营养钵周围土壤，随即盖土封穴，要特别注意保持子叶和幼苗真叶，确保栽植质量。3月下旬小拱棚撒出后搭架或吊蔓。追肥要掌握早、勤、巧的原则，以促进植株早发，中稳后健。苗期洒浇腐熟稀粪水2～3次，结果后，一般每7～10天随水追施1次肥，可用46%（18-10-18）复合肥每亩施15千克，或腐熟人粪尿1 000千克，一般施2～3次。整个生育期每5～7天叶面喷施磷酸二氢钾溶液，亩用磷酸二氢钾100～150克兑水50千克。结果前应控制浇水，结果初期每10天左右浇水1次。

129 安源肉丝瓜是如何进行肥水管理的？

答：安源肉丝瓜是江西省萍乡市地方优质丝瓜品种。早熟、耐热、耐肥、耐渍。果实短棒形，果皮白色，皮薄，肉质细嫩，纤维少，味香甜，品质优。在3月下旬冷床营养钵或营养块播种育苗，4月中下旬栽植，6月采收。单瓜重0.5千克，一般亩产4 000千克。

安源肉丝瓜适于土层深厚、土壤肥沃、排灌方便的土壤。每亩施腐熟有机肥2 500千克，加施51%（17-17-17含腐殖酸）复合肥50千克作底肥，栽植时浇足定根水。视苗情适当追肥，采果补肥，防早衰，提高后期产量。结果盛期，追3～4次肥，采取根部穴施，一般每隔15天随灌水追肥，每亩追46%（18-10-18）复合肥10～15千克。在雨季要抢晴浅耕，再适当追施。提倡膜下微喷（滴）灌施肥。梅雨时节，雨水较多，需排水防渍，做好清理沟道工作。适当整枝、授粉，尤其在阴雨天要进行人工授粉，防止落花落果，结果较密时要及时疏果。

130　赣葵1号是如何进行肥水管理的?

答：咖啡黄葵，别名黄秋葵、秋葵、羊角豆，属锦葵科一年生草本植物。其含有丰富的维生素A、B族维生素、铁和钙，以及一种黏性的糖蛋白质，有保护肠胃、肝脏、皮肤和黏膜的作用，并有治疗胃炎、胃溃疡及痔疮等功效，是一种很好的食疗蔬菜。赣葵1号由江西省萍乡市本地咖啡黄葵通过系统选育而成。果实为绿白色，商品性好，品质优，不易老，货架期长。赣葵1号在春、夏季均可栽培，以春季育苗移栽或大田直播栽培为主、夏季直播栽培为辅，7月下旬对分枝能力强的品种可采用割茎再生栽培模式。育苗移栽栽培模式为：3月上旬采用大棚播种育苗，4月上中旬大田移栽。平均单果重20.3克，亩产约2 800千克。

在最低气温稳定在12 ℃以上时可大田直播，赣西地区4月上旬至6月上旬均可直播栽培。田块宜选择排灌方便，土层深厚、疏松肥沃、保水保肥力强的壤土或砂壤土，且上年没有种植锦葵科作物。整地时结合深翻旋耕每亩施有机肥1 000千克、45%（15-15-15）复合肥20～30千克。结果盛期每20～30天每亩撒施45%（15-15-15）复合肥5～10千克。生长期内要保证土壤水和肥料充足。在夏末秋初时节，主秆采果节位较高，不便于采摘，嫩果也开始变小，这时依据品种、土、肥、长势和结果情况，采取保留主秆基部1～2个新发侧枝，并每亩辅施促长肥45%（15-15-15）复合肥10～20千克。加强田间水分管理，以保新枝生长结果。

131　吉水螺田大蒜是如何进行土肥水管理的?

答：吉水螺田大蒜因主要种植在江西省吉水县螺田镇而得名。

螺田镇地处吉水县东南，四面环山，独特的自然气候条件和丰腴的原生土壤，很适宜螺田大蒜的生长，并成就了它独特的地域风味。螺田大蒜因其蒜瓣肥大、皮紫肉白、汁多味浓、芳香醇辣而久负盛名。2004年获得了"江西省无公害蔬菜"称号，2006年注册了"螺田大蒜"商标，2017年入选为"江西省种质资源库"珍品，2019年荣获了农业农村部授予的"绿色食品"标识。螺田大蒜种植历史悠久，全县螺田大蒜种植面积达3万亩以上，年产量达6 300万千克，主产地螺田镇的常年种植面积为1.5万亩以上，已成为当地农民的一大致富法宝。

螺田大蒜种植以土层深厚、土质疏松、地力肥沃、排水良好的砂壤土为宜，因砂壤土疏松，适于根系发育，可使返青提前，抽薹变早，蒜头大且辛辣味浓。种植大蒜的地块需要深翻细耙，以增加土壤的通透性，并利于土壤有益生物的活动和养分的转化，以及根系的发展和鳞茎的肥大，故整地质量应力争达到"平、松、碎、净"。

螺田大蒜因生育期较长（200天左右），故需肥量亦较多，其肥水管理措施如下。（1）施足基肥。一般结合深耕整地，亩施腐熟农家土杂肥或厩堆肥800～1 500千克、草木灰100千克作基肥，并配施尿素15～20千克、钙镁磷肥40～50千克、氯化钾25～30千克。其中，有机肥和氮肥要随犁深施，磷肥和钾肥要随耙浅施，以充分发挥各自肥效。酸性土每亩还要加施石灰30～50千克。（2）分期追肥。按照"轻施提苗肥，巧施返青肥，重施抽薹肥，补施催头肥"的原则及时进行追肥，具体分4次追肥。第一次施提苗肥。在2～3叶期（大雪节气前），大蒜播后即马上浇出苗水，使土壤始终保持湿润疏松，促进根系生长，以达到壮苗标准。苗出齐后，为促进幼苗生长，增加植株营养面积，应适时结合浇水亩施少量稀薄人畜粪150～200千克，加尿素6～8千克泼浇或淋灌以提苗。第二次施返青肥。在翌年3月中旬，大蒜经过漫长的冬天，消耗了大量水分，翌年开春后应及时浇水，同时结合浇水亩施尿素15～20千克促返青。第三次施抽薹肥。在4月中旬，即蒜薹伸长期，此期新根大量发生，同时茎叶和蒜薹也迅速伸长，蒜头也开始缓慢膨大，故需肥水较多，应逐渐增加浇水次数，并以水调肥，亩施尿素10千克、氯化钾5千克保抽薹。第四次施催头肥。于蒜薹采收后到蒜头收获前，视苗情和田情亩酌施尿素4～6千克、氯化钾2～4千克，使蒜薹采收后仍有丰富的养分来促进蒜头膨大，同时要注意干旱时浇水，多雨时及时排涝，防止积水。

132 上高紫皮大蒜是如何进行土肥水管理的?

答： 江西省上高县种植的上高紫皮大蒜因外籽衣呈紫红色而得名，已有500多年的栽培历史。上高紫皮大蒜，不仅外观美，而且肉质紧脆而细嫩，吃之香、甜、辛、辣，口感回味好，具有很强的消炎杀菌、保健之功效。上高紫皮大蒜在1984年全国农产品博览会上被农业部列为全国重点推广品种，2013年被认定为国家地理标志保护产品。全县紫皮大蒜种植面积5 000亩左右。一般亩产350～450千克，亩可收蒜薹150千克。

上高紫皮大蒜适于以千枚岩为成土母质的土壤，土粒粗细均匀，团粒结构好，在冬春雨水多发季节，能够长期保持疏松不板结，有利于通风透气、吸收光热。种用大蒜于9月中下旬至10月上旬播种，于翌年5月中旬收获。青蒜于8月中旬至10月中旬播种，于翌年4月中旬收获。其施肥方法如下。（1）施足底肥，精细整地。整地前亩撒施钙镁磷肥50千克、45%（15-15-15）复合肥50千克后进行翻耕。播种时亩施1 500～2 500千克腐熟猪、牛粪于播种沟。（2）施好追肥。当蒜苗长有3叶时，视苗长势情况，利用

雨天亩撒施尿素15～20千克进行追肥。4月初利用雨天亩撒施45%
（15-15-15）复合肥30千克作为抽薹壮籽肥。

133 万载龙牙百合是如何进行土肥管理的?

答：百合是蔬菜中的珍品，是一种具有药用价值的蔬菜。龙
牙百合，别称岩瓣花，因其个大心实，色如白玉，肉片似龙牙，
故称龙牙百合。其地下鳞茎富有淀粉、蛋白质、脂肪以及人体所
需的各种维生素和矿物质，具有清肺润燥、滋阴清热、补脾健
胃、清心安神、利尿通便、解无名肿毒及止血之功效，对人体的
咽喉、肺、胃、肠等有良好的保健作用，又被人们称为"南方人
参""食中珍品"。江西省万载龙牙百合有近800多年的种植和加
工历史，目前已获得国家地理标志保护产品。百合于9月播种，翌
年8月收获。作为蔬菜鲜食，一般在翌年7月下旬即可采收，鲜茎
一般亩产1 000千克，高产可达1 500千克。万载县现在百合种植面
积1万亩以上，成为万载县主导产业，年综合产值达6亿元。

百合性喜冷凉、湿润气候及半阴环境。百合鳞茎能耐-10℃低
温，土温-5.5℃安全无冻害。但气温高于28℃生长受抑制，气温
连续高于33℃时，茎叶枯黄死亡。百合忌连作，优先选择近3年内
未种植过百合科、茄科类作物的田块。种植土壤以地势较高、地
下水位较低、土层深厚肥沃、土壤疏松透气、土壤pH值5.7～6.3、
土壤湿度12%～40%、土壤有机质含量2.5%以上、有效磷含量
15毫克/千克以上、速效钾含量100毫克/千克以上的稻田或富含有
机质砂壤土为佳。

龙牙百合施肥方法：基肥施用以有机肥为主、化肥为辅，
确保有机肥料均匀施撒于土面，再进行深耕以达到层施目的。8
月施基肥，每亩均匀撒入已粉碎菜籽饼100～150千克，腐熟牛粪

1 500～2 000千克，同时施用生石灰50～75千克。追肥分4次。第一次是冬季施肥培土。12月中下旬分1～2次进行追肥，每亩施用腐熟的畜禽粪便1 000千克，并进行覆土。第二次是春季松土补肥。翌年3月中下旬，当苗长至高10厘米并有2株以上茎叶时进行间苗，留壮去弱，每兜保留1株。间苗后应抢晴天浅耕1次，浅耕深交约3厘米，拔除杂草，同时均匀施撒腐熟的畜禽粪便500千克后培土。第三次是中期控制追肥。3—5月，视苗情亩追施51%（17-17-17）硫酸钾型复合肥10～15千克。第四次是后期增加用肥。翌年5月上旬进行适量追肥，每亩追施畜禽粪便500千克，针对长势不佳的百合，结合病虫害防治，用0.3%尿素溶液进行叶面喷施。百合易发生立枯病，切忌连作。在同一块土地上应3～4年轮作1次。

134 定南茭白是如何进行肥水管理的？

答：茭白是禾本科菰属多年生宿根水生草本植物。叶片叶鞘间互相抱合形成"假茎"，肉质茎在假茎内膨大，始终保持洁白，故名"茭白"。茭白主要含有蛋白质、脂肪、糖类、维生素B_1、维生素B_2、维生素E、胡萝卜素和矿物质等。茭白是高钾低钠的食品，可以抑制血脂升高、降低血液胆固醇、防治心脑血管疾病、对抗钠所引起的血压升高和血管损伤。茭白可以清热解毒，通便宽肠，茭白中的膳食纤维可以促进肠胃的蠕动，促进机体的消化吸收。能补充人体的营养物质，具有健壮机体的作用。江西省定南县全力打造万亩供深蔬菜（茭白）特色产业基地，茭白种植面积达1万亩以上。

茭白适宜在深泥田或泥浆塘里生长，气温低于10℃或高于30℃均不能孕茭。茭白植株生长茂盛，对水的需求期长，对肥的需要量大，加强肥水管理是夺取茭白优质高产的重要一环。茭白春分前后栽植，基本苗为1 500兜/亩；秋季孕茭，收割期为1个月，中秋节前后收割完成；冬季上部枯死，翌春萌发。茭农习惯用有机肥加化肥，首先亩施5~8吨沼液作基肥，茭白种植后分3次追肥，亩追施60千克45%复合肥加1.25千克尿素。第一次追肥为催苗肥，在种植后20天左右（大约在4月中旬）施，亩施45%（15-15-15）复合肥12.5千克加尿素1.25千克。苗期保持浅水生长。第二次追肥为促蘖肥，约在4月下旬施亩施45%（15-15-15）复合肥25千克，分蘖期田间管理为灌水与晒田交替进行，保持干干湿湿，促进分蘖；第三次追肥为壮苗肥，约在5月下旬施亩施45%（15-15-15）复合肥25千克。茭农会视苗情追施孕茭肥，一般不追。茭白种植要夺高产，前期氮肥不能过量，速生速长，选用钾肥含量高的复合肥较为合理。

135 高产雷竹笋林是如何进行肥水管理的?

答：雷竹，是早竹的一个栽培类型，其笋可食用，因富含营养、美味可口被称为森林蔬菜和保健食品。在江西省景德镇市，成年雷竹林一般亩产鲜笋500~1 000千克。

在施肥上，一般一年施肥5次。第一次于4月中下旬施催苗肥。亩施45%复合肥20千克。第二次于6月中旬施赶鞭肥（长鞭肥）。亩施45%（15-15-15）复合肥25千克，加生黄泥土1 000~1 500千克，然后将肥料深翻入土中。第三次于9月上旬施赶鞭肥。亩施45%（15-15-15）复合肥30千克。第四次于10月上旬施催芽肥。亩施45%（15-15-15）复合肥40千克。第五次于11月底至12月初施覆盖肥（孕笋肥）。亩施45%（15-15-15）复合肥75千克、尿素25千克，施猪牛厩肥1 000千克。用谷壳覆盖可提早出笋。上半年看天气施肥，下雨前将肥料进行撒施（大雨除外）。

下半年干旱，用软水管喷浇水后进行施肥。

136　广昌白莲是如何进行土肥水管理的?

答：江西省广昌县已有1 300多年的白莲种植历史。白莲色白、粒大、味甘、清香、营养丰富、药用广泛，具有"香、甘、纯、绵"四大特点，被誉为"莲中珍品"。1995年，广昌县在全国地方名特优产品命名大会上荣摘"中国白莲之乡"的桂冠。2013年广昌县被授予"中国莲文化之乡"，2020年广昌县白莲种植扶贫模式案例获"全球最佳减贫案例"。2022年，广昌白莲跻身中国地理标志农产品（中药材）品牌声誉百强榜，被列入中国第二批中欧地理标志产品名单。广昌县是全国白莲主要集散地和价格形成中心，素有"莲不过广昌不香"之说。目前广昌县白莲种植面积稳定在11万亩左右，通芯白莲年产量达9 000吨，产值达7亿元。全县白莲产业年综合产值近30亿元。广昌白莲品牌被全国绿色农业联盟评为"全国绿色农业十佳蔬菜地标品牌"。

根据白莲的特性，高产莲田必须选择阳光充足、水源条件好、排灌方便、土壤有机质含量高、质地疏松肥沃、耕作层在25～30厘米、pH值在7.0左右的砂壤土上进行栽培。山坡田、冷水田、锈水田、漏水田等田块，因其水源条件差及土壤贫瘠不适宜白莲种植。白莲忌重茬种植。（1）施肥方法。春节前后灌水完成二犁一耙，结合翻耕，有条件的莲田每亩可施用猪牛栏粪等有机肥2 000千克，同时撒施生石灰50千克，可以起到土壤消毒和分解腐熟有机肥的作用。无有机肥的也不推荐施用化肥作基肥，但推荐每亩施硼砂1.5～2千克、镁肥7～8千克、石膏粉6.5～7千克。白莲对肥料的要求较高，一般亩用肥料总量约200千克，氮、磷、钾比例以10：5：7为宜。当莲株长出1～2片立叶时，每亩用1.5～2.5

千克尿素进行1~2次点苗。莲田封行后至生育期基本结束，按尿素：复合肥=1：3的比例，每隔10~15天追肥1次，共追肥6~8次，总量大约尿素50千克加45%（15-15-15）复合肥150千克。（2）水分管理。白莲在整个生长期不能断水、晒田，并应做到科学灌水。白莲的灌水原则："浅—深—浅"，做到前期浅灌不露泥，中期深灌不过尺，后期恢复浅水灌溉。前期寒潮来临时，适当加深水层提高土温，有利于莲株早生快发，水源条件好的地方在生长中期（7~8月）宜灌15厘米左右的流动水，能调节田间小气候，有利于莲株生长，籽粒饱满。（3）注意事项。一是不宜过早移栽。白莲移栽时间在清明前后，气温稳定在15℃以上。过早移栽气温不稳定，容易造成成活率低的问题；二是注意保叶摘叶。白莲生长前期保叶，中期适当适量摘除莲叶，保护后期绿叶，有利于提高白莲产量，同时可以提高种藕数量和质量。方法：莲株封行前及进入9月后应尽量保护好莲叶，封行后至8月中下旬可将过密处的浮叶及枯黄的无花立叶、死蕾的立叶摘除，甚至采摘莲蓬后的立叶也可随手摘除，有利于改善莲株光照，促进生长。三是推荐莲田养蜂。莲田养蜂可以有效提高白莲结实率，从而提高白莲产量。

137 彭泽高产棉花是如何施肥的?

答：棉花是江西省的主要经济作物。江西省彭泽县是全国优质棉的优势产区，常年种植面积达到6万亩，鼎盛时期达到20多万亩。棉花主要种植品种为中棉55、中棉66。高产棉花每亩籽棉产量可达到300~400千克。

棉花于4月上中旬进行营养钵育苗、5月上中旬移栽、10月初开始采摘，全生育期约150天。高产棉花的施肥方法主要是施好

"五肥"。一是移栽肥。移栽时每亩移栽1 300棵左右，每亩穴施磷酸二铵5～7.5千克。二是苗肥。移栽后7天左右亩施尿素5千克。三是蕾肥。棉花现蕾后亩施枯饼或商品有机肥100千克、51%（17-17-17）复合肥30千克、氯化钾10千克、硼砂1千克。四是花铃肥。盛花期亩施51%（17-17-17）复合肥20千克、尿素20千克、氯化钾5千克。五是盖顶肥。棉花生长后期用磷酸二氢钾100克兑水50千克进行叶面喷施。

138 名口茅蔗是如何进行土肥管理的?

答： 茅蔗与其他蔗类不同，一次播种多年再生，属"野生性"、灌木类型植物，蔗秆细小。茅蔗主要用来制作红糖，也可以直接食用。茅蔗是江西省乐平市的传统经济作物，乐平市名口镇有近1 000年的蔗糖熬制古老工艺，传统古法熬制糖工艺生产的原生态红糖，含有维生素和微量元素，不仅比白砂糖味香甜，还具有营养保健作用。种植较好的茅蔗亩产鲜蔗可达5 000千克（可出糖450千克左右）。

茅蔗适于砂壤土种植，茅蔗种植或移栽时间为3月上旬，收割时间为10月。蔗农的施肥方法是有机肥加化肥。3月上旬，出苗前，表面覆盖泥土，再覆盖干牛粪350千克/亩。牛粪具有保湿、防冻、防草效果。4月上旬，苗长至16.5厘米高时，进行第一次追肥，表面撒施有机肥或化肥。一般亩施商品有机肥120千克或碳酸氢铵100千克（不宜施尿素，否则味道发咸，影响品质），同时进行人工除草和培土、施杀虫双防治螟虫为害。5月上旬当苗高50厘米左右时，第二次追肥。一般亩施45%（15-15-15）复合肥100千克左右，但具体用量还需根据长势而定，以防疯长倒伏，影响出糖率。茅蔗生长期间基本不灌水，依靠自然降水，水多易倒伏。

生长期间还需要多次夯土防止倒伏。6月还需施杀虫双防治螟虫为害，保证茅蔗丰产丰收。茅蔗需养分多，属耗地作物，肥力会下降，种植3年后要换茬种其他作物。

139 青皮甘蔗是如何进行肥水管理的?

答：青皮甘蔗是果蔗的一种，因蔗皮绿色而统称为青皮甘蔗。在江西省景德镇市一些地方如昌江区鱼山镇和乐平市礼林镇有种植青皮甘蔗的传统。青皮甘蔗一般亩产可达7~8吨，蔗汁甜度适中。

青皮甘蔗比其他作物产量高，施肥也多。青皮甘蔗大田施肥方法一般为：一是在4月上旬施底肥，亩施发酵后的以牛粪、鸭粪为主的农家肥1 000千克、精制有机肥50千克、45%（15-15-15）复合肥10千克；二是在甘蔗苗期，视天气和苗情追肥5~6次，逐次增多，共追施45%（15-15-15）复合肥50千克左右；三是在6月定苗后至8月，追肥5~6次，其中前几次共追施45%（15-15-15）复合肥100千克左右，最后一次（壮尾肥）追施45%（15-15-15）复合肥50千克和精制有机肥100千克左右。追肥一般是将肥料撒施在甘蔗附近然后进行覆土。上半年，雨水较充沛，一般在下雨前进行施肥。下半年干旱，一般在灌水后将肥料施下。

140 赣县甜叶菊是如何进行土肥水管理的?

答：甜叶菊是一种菊科多年生草本新型糖料作物，其叶片中含有10多种甜菊糖苷成分，属纯天然、高甜度、低热值、食用安全的新型糖源，广泛应用于饮料、食品、医药和日用化工等用糖领域中，即便是糖尿病、肥胖症、龋齿等忌食糖人群也可食用，深得崇尚自然、追求健康美食的人们的喜爱，发展潜力巨大。甜叶菊于20世纪70年代末引入我国，全国有10多个省份种植。江西省赣县区种植甜叶菊有30多年历史，现为该区六大主导产业之一，也是江西省唯一的集甜菊生产、加工于一体的县区，全区种植面积1万亩以上。一般亩产干叶200～300千克，亩产值4 000～5 000元。

种植甜叶菊宜选择地势平坦、耕层深厚、排灌方便、pH值5.5～8的壤土或砂壤土，忌黏性土壤。甜叶菊需钾较多。甜叶菊为忌氯作物，甜叶菊采用"黑色地膜覆盖"种植方式。移栽时间为3月下旬至5月上旬，采收时间为7月下旬至8月中旬。种植前10天左右进行精细整地覆膜。其大田施肥主要采取基肥、追肥和叶面肥并用方法。基肥在整地时施用，每亩施腐熟农家肥（如厩肥、堆沤肥）1 000～1 500千克或商品有机复合肥（有机质≥45%、$N+P_2O_5+K_2O≥8\%$）200～300千克和45%（15-15-15）硫酸钾型复合肥30～50千克，然后翻耕与土壤充分混合。追肥采用膜面浇施、穴施、施肥器直接注施或叶面喷施等方法，一般追肥3次。第一次追肥为促苗肥。在移栽后20天左右（即打顶摘心后）进行，每亩用尿素2千克、50%（18-7-25）硫酸钾型复合肥3千克，兑水1 250～1 500千克浇施。第二次追肥为促分枝肥，在移栽后60天左右进行，每亩施尿素4千克加45%（15-15-15）水溶性硫酸钾型复合肥6千克，兑水1 250～1 500千克浇施。第三次追肥为促二级分枝与增糖肥。在甜叶菊移栽后80～90天视苗情长势再浇施一次或者改用"叶面追肥"方式，以促进二级分枝萌发生长，增加产量与含糖苷量。若采取叶面追肥方式一般需进行1～2次，推荐选择"高钾低氮肥料"，间隔15天喷1次，实际喷施次数应根据甜叶菊长势情况做出调整。甜叶菊大田排灌应视苗情、土壤和气候条件而定，杜绝大水漫灌。在多雨季节，应做好清沟排水，避免积水。在干旱高温季节，当土壤表面泛白时，应及时适量灌水至湿润状态即可。

---

141 茶树施肥应掌握哪些技术要点?

答：茶叶的产量与品质与施肥密切相关，茶树施肥应注意以下几方面的问题。（1）确定好用量。在氮、磷、钾三大养分中，对氮素需求较多，其次是钾，磷的需求量最少。亩产鲜叶500千克茶叶需施氮（N）、磷（P_2O_5）、钾（K_2O）分别约为20千克、8千克、12千克。（2）运筹好肥料。一般将30%～35%的氮肥，以及全部的磷、钾肥和农家肥，在冬季地上部停止生长时开宽沟施下。将65%～70%的氮肥，分3～4次在春季施下。（3）选择好品种。根据茶叶喜铵性、嫌钙性和忌氯性的营养特性，肥源应多用磷酸铵、硫酸铵和尿素，少用硝酸铵和钙质肥料，慎用含氯化肥。（4）深施好肥料。茶树是深根植物，施肥深度10～20厘米，以提高肥料利用率和肥效。

---

142 浮梁有机茶园是如何进行土肥水管理的?

答：江西省浮梁县为瓷源茶乡，是海上丝绸之路瓷与茶这两宗重要商品的发源地之一。浮梁茶历史悠久。1915年，浮梁县江村乡严台村生产的工夫红茶，获得了"巴拿马万国和平博览会金奖"。100年后的2015年，产于同一地的"严台"牌浮梁茶再次荣获意大利米兰世博会"名茶金奖"。2017年，浮梁县被评为"全国十大魅力茶乡"，2018年，浮梁县被评为"中国茶业百强县"，浮梁茶被评为"最具品牌资源力三大品牌"。浮梁县现有茶园面积20余万亩，其中有机茶园面积5万亩左右。

"严台"牌浮梁贡江村基地有机茶园占地3 470亩，其中2 370亩通过CQC有机认证和HACCP食品安全体系认证。该地有机茶园一年三季采茶、四季加工。采茶时先人工采后机械采。年亩产春茶35千克左右、夏茶25千克左右、秋茶20千克左右（干茶），亩均年产值3 500元左右。有机茶园每年施两次肥。第一次，10月上旬至11月上旬及时施基肥，促进茶树抗寒越冬和春茶新梢的形成和萌发。因茶树是深根系作物，基肥应深施，亩施菜籽饼肥150千克左右。结合修枝整园和人工除草进行沟施，被整园落下的枝叶及杂草覆盖于园内，腐烂后作有机肥。第二次，2月下旬至3月上旬亩施速效氮肥20～25千克，用于"催芽"。此外，每隔3年，于7—8月亩施石灰100～150千克，对土壤进行消毒，防治虫害。茶园装有移动喷水设施，水为清洁水库之水，遇旱时进行喷施。整个生长过程不使用化学农药进行防虫和除草，对害虫，主要是对茶尺蠖和小绿叶蝉，用生物农药及时进行生物防治。

143　婺源绿茶优质高效是如何进行土肥管理的?

答：婺源绿茶历史悠久，为江西省婺源县特产。2016年获国家有机产品（茶叶）认证示范区，2017年获国家级出口食品农产品（茶叶）质量安全示范区，2019年获婺源绿茶中国特色农产品优势区。2019年婺源绿茶荣获中华文化名茶。2020年入选首批中欧互认保护100+100个地理标志保护产品。全县种植面积达20.8万亩以上，总产量达1 800万千克/年，年产值11.9亿元。

婺源茶园选在空气清新、水质纯净、土质肥沃、周围自然植被丰富、生物多样性高的园坦地、缓坡地和山地。在茶园上方栽种遮阴树，在茶园主干道旁栽种行道树，在茶园下方建设防护林带，形成"头上戴帽，腰间系带，脚下穿鞋"的生态茶园建设模式。婺源茶区绝大部分为红黄壤茶园，茶园有效土层厚度近60厘米，肥力中下，茶园中把作物秸秆、草料和茶树修剪枝叶等覆盖在茶园土壤上，可减少水土流失，抑制杂草生长，减少水分蒸发，增加土壤有机质含量，待旱热季节过后，再将覆盖物埋入土中，能够改善土壤理化性状、提高土壤肥力，加速红壤茶园土熟化。

在婺源绿茶优质高效生产中，采取茶园深耕、增施有机肥等科学施肥技术。通过深耕可以改变土壤的物理性状，土壤的上下翻动促进了底土熟化，能提高土壤的孔隙度，降低土壤容重，从而使土壤的含水量增加，隔1年或2年深耕1次，深耕深度40～50厘米。一般每年分4次施肥，第一次为基肥，在头年冬季亩施有机肥200千克或饼肥100千克，配施一定的矿物源肥料和微生物肥料，结合茶园秋挖开沟深施，深度20厘米以上，施后覆土；第二次为追肥，在翌年2月中下旬，结合茶园锄草亩施有机肥150千克，沟深10厘米左右，施后覆土；第三次为追肥，在4月上中旬结合茶园锄草亩施有机肥150千克，沟深10厘米左右，施后覆土；第四次为追肥，在6月上中旬结合茶园锄草亩施有机肥150千克，沟深10厘米左右，施后覆土。茶树平衡营养施肥，在操作过程中应考虑茶树树龄、品种、种植密度和茶园土壤性质、肥料性质及不同季节，在施肥数量及营养元素的配比上应有所区别，做到以根际施有机肥为主、微生物肥料为辅，为茶树的生长提供充分的营养元素。

144 "海天春"高山优质茶是如何进行土肥管理的？

答："海天春"茶采自江西省永新县黄竹岭高山古茶，该茶曾因贺子珍父亲携妻儿在永新县城南街开设"海天春"茶馆，并有革命历史故事而得名。"海天春"茶属江西省吉安市遂川县狗牯脑茶系列。"海天春"茶苗源自黄竹岭高山古茶，只采明前茶，手工制作，茶正味醇。

　　"海天春"高山茶全年施2次肥料。第一次，立冬进行人工除草后在11月中旬施基肥（如发酵后的禽畜粪便、菜籽饼、绿色阔叶草本等）。在行距中间挖一条深20厘米、宽40厘米的施肥沟，先每亩施45%（15-15-15）硫酸钾型复合肥25千克和发酵好的有机肥500千克，覆盖，然后用泥土封住。因海拔高，冬天气温低，茶叶进入休眠状态，上述施肥方式既可对茶叶根部保暖，又可养精蓄锐，来年开春有充足的养料供应，芽头壮实饱满，茶底好又丰收。第二次，明茶采摘后于4月下旬至5月上旬，在茶叶整枝修平、人工除草后亩追施45%（15-15-15）硫酸钾型复合肥15千克和有机肥250千克，然后用泥土全覆盖，具有肥效长、保湿、防草等效果。全年只施有机肥和硫酸钾型复合肥，不施碳酸氢铵、尿素和其他化肥，不使用化学农药和除草剂，全年人工除草3～4次。

145　上犹绿茶是如何进行土肥管理的?

　　答：上犹县是江西省有名的"茶叶之乡"，因其独特的气候和地理条件，所产茶叶具有"香高、味醇、色翠、汤绿、形美"的独特风味。上犹绿茶入选2020江西农产品"20大区域公用品牌"榜，2010年获批为地理标志证明商标，《上犹绿茶》2018年被批准为江西省地方标准。目前，全县拥有茶叶种植面积近11万亩。

　　上犹绿茶种植应选择适应性和抗逆性强、适应性广的优良品种，如中茶108、福鼎大白等。茶园宜节水灌溉，土壤pH值控制在4.5～6.0。每两年对土壤肥力指标和重金属元素含量检测1次。根据检测结果，有针对性地采取土壤改良措施。新建茶园茶行确定后，按茶行开种植沟，深50厘米、宽60厘米，种植沟内施足底肥，每亩施无害化处理后的厩肥或青草等有机肥2吨以上，施后覆土，3个月后种植。每年7月浅耕除草1次，行距较宽、幼龄和台刈改造的茶园，间作豆科绿肥，以培肥土壤和防止水土流水。基肥一般每亩施用花生枯、菜籽饼、桐籽饼等有机肥300～400千克，必要时配一定数量的微生物肥料，于当年秋季开沟深施，施肥深度25～30厘米。追肥依据茶树生长和采茶状况来确定。主要的一次追肥在春茶结束夏茶开始生长之前进行，一般在5月中下旬，每亩施用有机无机复混肥（有机肥有机质≥55%、$N+P_2O_5+K_2O≥5\%$，化肥总养分≥40%、$N-P_2O_5-K_2O=28-6-6$）35～40千克。人工除草后撒施。平地茶园一边或两边施肥，坡地茶园或梯带茶园，要在茶行上方一边施肥，以防肥料流失。

146 分宜麒麟西瓜是如何进行土肥水管理的？

答：麒麟西瓜皮薄，瓜瓤脆嫩，口感沙甜多汁，含有丰富的矿物盐和多种维生素，具有开胃、助消化、利尿、消暑等作用。新余市分宜县种植麒麟西瓜已有20余年，如今种植面积达7万余亩，一般亩产量4 000～5 000千克（一年两茬）。麒麟西瓜是分宜县农业主导特色产业。分宜麒麟西瓜享誉江西省内外。

麒麟西瓜采用大棚设施种植，可实现一年两茬四收高产优质高效目标。栽培时，选择土层深厚、砂质土壤、能排能灌、集中连片、pH值5.5～6.8、便于管理的田块。

生产实际中科学掌握"施足基肥、看苗施肥、少量多次"等施肥要点。（1）第一茬施肥方法。基肥：施入有机质含量为45%的商品有机肥50～150千克/亩、51%（17-17-17）硫酸钾型复合肥20～30千克/亩。追肥：苗期、伸蔓期到坐果前根据瓜苗长势情况决定是否需要施肥，非必要不施肥，施肥也应当适量，防止瓜苗徒长不坐果。当第一批坐果至鸡蛋或苹果大小时，滴灌施入45%

（15-15-15）复合肥5～7千克/亩，7天左右后再次滴灌施入45%
（15-15-15）复合肥10千克/亩左右。第一批瓜于5月中下旬采摘，
采摘前10～15天不施肥不浇水；第一批瓜摘完后，第二批瓜开花
授粉前也是视苗情施肥，非必要不施肥；授粉坐果至鸡蛋或苹果
大小时，滴灌施入45%（15-15-15）复合肥5～7千克/亩，7天左右
后再次滴灌施入45%（15-15-15）复合肥8～15千克/亩。（2）第二
茬施肥方法。基肥：亩施入45%（15-15-15）复混肥20千克左右。
第二茬的第三批和第四批瓜坐果至鸡蛋或苹果大小时的施肥和第
一茬的第一批和第二批瓜施肥大致相同。

在施肥管理中还需注意：嫁接苗的有机肥用量比常规苗要多
一些，复混肥用量比常规苗的要少一些；根据苗情长势，必要时
可用0.3%磷酸二氢钾等进行叶面喷施，调节植株营养，促进生长
发育，提高瓜的品质。若瓜苗长势过旺或过弱，施肥可减量减次
数或增量增次数。总之，麒麟西瓜的施肥要勤看苗，根据瓜苗长
势施肥。

147 井冈红草莓是如何进行土肥水管理的？

答：江西省井冈山市拿山镇江边村草莓常规种植面积500余
亩，因种在井冈山红色革命根据地故取名为井冈红草莓。井冈红
草莓选取日本优良品种，采果周期长，成熟期在12月初至翌年4月
底。井冈红草莓品质特点：果心形，单颗可达50克；外形美观，
色泽鲜红；口感好，奶油甜香口味，果肉柔软，汁多清新，甜味
达14%；产量高，平均亩产4 000千克，每亩纯利润达2万～4万元。

井冈红草莓采用保护地大棚栽培技术，一般在-2～-1℃就需
要覆盖两层膜保温，减少低温对花、幼果的影响。井冈红草莓一般
在5月草莓采摘期结束后做好清园消毒工作，土壤重茬严重的，可

用棉隆或者石灰氮（氰氨化钙）进行土壤消毒。8月中下旬起垄，起垄时施底肥，每亩施腐熟有机肥3 000～4 000千克或45%（15-15-15）复合肥20千克，垄做好后，喷施丁草胺500克/亩，二甲戊灵100克/亩做好防草工作。井冈红草莓一般在9月中下旬定植，追肥一般施用水溶肥以叶面喷雾的方式进行营养补充。第一次在抽生匍匐茎时（10月），每亩冲施45%（15-15-15）水溶肥30千克促茎发根；第二次在花前3～5天（11月）每亩冲施45%（15-15-15）水溶肥20千克；第三次在果实膨大期（12月），每亩施45%（15-15-15）水溶肥25千克、硫酸钾7～8千克，增加草莓的品质。

148 寮塘高产优质烤烟是如何进行土肥水管理的?

答：烤烟是江西省安福县寮塘乡的传统产业，从1986年开始种植，目前稳定种植面积1.1万亩左右，为全省烤烟生产第一大乡。烤烟品种为云烟87和K326，亩产烟叶干叶140千克左右，亩产值4 000元左右。

烤烟种植在适宜排水良好、土层深厚肥沃、土壤中性的田块。种植前2～3个月翻耕晒田，促进土壤风化，移栽前亩施石灰25～50千克调酸，亩施菜籽饼或商品有机肥100～200千克，增加土壤有机质。之后起垄，垄高、宽各40～50厘米。烤烟定植一般在3月中旬，定植前1周垄上开深沟，亩施38%（15-10-13）烟草专用复合肥60千克后覆土，喷施封闭除草剂再覆膜。烤烟属大水大肥作物，一般要追施3～4次肥：第一次亩施56%（20-18-18）硝酸钾复合肥5千克，稀释成1%（兑水500千克）溶液淋施，以提苗促发；第二次于团棵期（小培土前），亩施45%（15-15-15）硫酸钾型复合肥7.5～10千克配成1.5%（兑水500～650千克）溶液浇施；第三次于大培土前亩施45%（15-15-15）硫酸钾型复合肥7.5～10千克稀释成1.5%（兑水500～650千克）溶液浇施，之后根据烤烟田间实际生长情况选择是否追施第四次肥。烤烟属忌氯作物，施用含氯氮肥、钾肥及其复混肥会严重影响烟叶品质。

149 果树有哪些营养特性?

答：果树是多年生的，与一年生作物相比，果树具有以下几方面的营养特性。一是果树的树干、根系和常绿果树的叶片贮藏大量营养物质。主要供下一个生长季甚至更长时期生长结果之用。二是不同树龄、时期的果树其需肥特性有一定的差异。未结果或初进入结果期的幼苗，由于树冠还应当扩大，氮肥应占较大比重；盛果期的成年树，由于结果多和连年分化花芽，应提高磷、钾肥比重。三是由嫁接法繁殖的果树，其砧木对土壤营养吸收起决定性作用，砧木的耐土壤极端环境能力和对土质适宜能力直接影响果树的营养状况。适宜的砧穗组合对果树的营养起良好影响。

150 成年杨梅树是如何施肥的?

答：杨梅，杨梅科杨梅属植物，果实红紫色、酸甜味，含有丰富的钾素和维生素C，具有祛暑生津、抑菌止泻、降血压、利尿等功效。江西省浮梁县杨梅种植面积2 500亩左右，成年杨梅树平均每棵产鲜梅40千克，高的可达60千克以上，平均亩产可达1 250千克。

杨梅树对土壤肥料的要求有如下特点。一是杨梅树与其他果树不同之处在于其根系有根瘤菌伴生，可固定空气中的氮，供根瘤菌自身及杨梅树生长使用。因此，杨梅树不施肥也能生长良好，对水、土壤肥力要求不严。二是有大小年现象的杨梅园，小年施肥量要减少，甚至仅在采果后施基肥。大年要适当增加施肥量，增加树体养分，促发新梢和花芽分化，施肥时间也要适当提早。三是肥料种类要以钾肥为主，少施磷肥。四是避免施用大中型养猪场粪便，主要是因为大中型养猪场粪便含有重金属或抗生素残留，不利于杨梅树根瘤菌生存，影响杨梅树的生长。

成年杨梅树施肥以钾肥为主，一年施4次肥。第一次施基肥。7月中旬，杨梅采摘后，在树下另挖3～4个穴坑，基施草木灰15～20千克、菜籽饼3千克或其他有机肥料，施47%（15-5-27）硫酸钾型复合肥1千克，将肥施入后覆土。杨梅树根肉质容易损伤，开沟挖穴时须小心，避免挖到根系。第二次施追肥。在早春2—3月，每株施入尿素、氯化钾各1千克，以满足春梢抽发和开花结果需要。第三次根外追肥。4月下旬，杨梅初果时，叶面混喷施磷酸二氢钾和"花果灵"微量元素水溶肥，增加营养，防落花落果。用法是200克磷酸二氢钾加100克"花果灵"兑水200千克，喷施面积2亩。第四次施追肥。5月中下旬，幼果膨大期，以速效钾肥为主，促进果实膨大。在每株树冠滴水线下挖3～4个穴坑，施商品有机肥7～8千克，配施进口硫酸钾1千克，将肥施入后覆土。追肥应采取浅沟施，如果时间紧，少数情况下，也可以雨前撒施。追肥应避免开环形沟深施，这样断根太多，影响树体生长。基追施肥部位，成年树在树冠滴水线偏内侧。

151 浮梁早熟梨树是如何施肥的？

答：早熟梨是指在7月20日前正常完熟的梨，主要品种有翠冠梨、黄花梨、金水二号等。其中最具有代表性的早熟梨品种是翠冠梨，该品种成熟早、肉质极细嫩、松脆，特别是汁多、味甜、果心小、可溶性固形物达13%以上。江西省浮梁县梨树现有种植面积5 000亩以上，一般每亩栽种50株，亩产量2 000千克左右。

成年梨树全年共施肥4次。第一次施基肥，11月至翌年1月进行，每株施入农家土杂肥、畜禽粪便（充分腐熟）50千克或商品有机肥15千克加钙镁磷肥1千克，结合秋冬季扩穴深施。第二次施追肥，6月上旬施入，促进果实膨大及花芽分化，施钾肥和氮肥，每株施入硫酸钾（$K_2O \geqslant 46\%$）、尿素各0.5千克。第三次施追肥，7月底果实采收前后施入，增加树体养分，减少落叶，提高叶片光合效能，恢复树势，促使花芽发育充实，施钾肥和氮肥，每株施入硫酸钾（$K_2O \geqslant 46\%$）、尿素各0.5千克。第四次施追肥，9月施入，防止落叶，促进花芽花器发育充实，每株施入45%（15-15-15）复合肥0.5千克。追肥挖浅沟施，施肥施在树冠滴水线偏内侧。夏秋季施肥保叶是翌年丰产的基础。如果秋季过早过多落叶，就会出现二次开花，翌年产量肯定很低。

152　金溪蜜梨是如何进行土肥水管理的？

答：金溪蜜梨是江西省特色梨树品种，具有"香、甜、脆、嫩"的独特风味，营养丰富，富含维生素C和各种矿物质，具有清热、润肺、健脾之功效，是人们清热解暑的美味佳品，深受消费者喜爱。金溪蜜梨先后被评为"华东十大精品水果""国家农产品地理标志"。金溪县是江西省早熟梨重点基地县和江西省果业重大协同技术推广项目县，先后荣获国家梨产业体系示范基地县。金溪蜜梨主栽品种有"翠冠""黄花""圆黄""清香""脆绿"等。金溪蜜梨适宜在年日照时数1 600～1 700小时、年降水量1 000～1 700毫米、年平均气温14.8～17.9℃、日平均气温大于10℃的活动积温3 975～5 690℃、海拔200～800米的丘陵山地或平原的酸性（pH值4～5）土壤种植。金溪蜜梨栽植时间为12

月上旬至翌年2月下旬，收获时间为7—8月，金溪蜜梨一般亩产1 000千克。

金溪蜜梨施肥及管理方法如下。果园应选择土层深厚、地下水位低、通透性好、保水保肥力强、植被丰富、交通方便、无工业污染的丘陵、山地。在栽植前进行整地，开挖1米宽、0.8米深的壕沟，每株施稻草7千克、有机肥料20～30千克、石灰1.5千克、钙镁磷肥1.5千克，拌和均匀，分3～4层填埋。定植后用4年时间将全园扩通，穴内重施基肥，株施有机肥或沼渣肥50～60千克、枯饼2～3千克、磷肥1～2千克、生石灰2千克。套种两季绿肥，春季套种豇豆、大豆、花生等作物，割绿肥覆盖，保水抗旱。秋季扩穴深埋春季绿肥，行间种植肥田萝卜、油菜、紫云英等冬季绿肥，翌春深翻压绿。梨树正常投产后，株施饼肥5～6千克作基肥，5月中旬至6月初株施45%（15-15-15）复合肥1千克、生物钾肥1～2千克作追肥。

153 浮梁鸡心柿树是如何施肥的?

答：浮梁鸡心柿含有丰富的葡萄糖、果糖、维生素、果胶、有机酸、蛋白质，还含有对人体有益的钙、磷、铁等元素，具有补充能量、补血、活血、降血压、润肺化痰、美容养颜等作用。浮梁鸡心柿属于涩柿，可后熟鲜食。鸡心柿口感好，深受人们喜爱，也可干制成柿饼。鸡心柿树在江西省浮梁县栽培历史悠久，农村房前屋后、村边地头常栽植有高大的浮梁鸡心柿树。全县鸡心柿树种植面积2 000亩左右。浮梁鸡心柿树属深根性果树，生长势强，产量高，高产园亩产量可达2 500千克，连年丰产园亩产量一般控制在1 500千克左右。

浮梁鸡心柿树对水和肥料的要求不高，在一般肥力情况下也会生长良好，但大小年较严重，果形较小，要达到连年丰产稳产、品质佳，必须进行合理的施肥。柿树施肥，每年3次，具体施肥方法、种类、施用量如下：第一次施基肥，于11月至翌年1月进行，成年高产树每株施入农家土杂肥或畜禽粪便（充分腐熟）40千克左右，也可施用饼肥或商品有机肥15千克；第二次施追肥，于6—7月进行，促进果实膨大及花芽分化，每株施尿素0.35千克、磷肥0.15千克、硫酸钾0.3千克；第三次施追肥，于9月进行，促进壮果并促进枝叶生产充实，防止落叶，每株施入1千克45%（15-15-15）复合肥。基肥应深施，为避免伤根太多，应每年深挖施基肥于柿树的一侧。追肥可浅沟施，施在树冠滴水线偏内侧。

154　甜柿子树是如何进行肥水管理的?

答：柿子树属柿子科柿子属植物。柿果味甜，营养丰富。柿子含有丰富的纤维素、维生素C、胡萝卜素、蛋白质以及钙、铁、锌等中微量元素。尤其是深红色的软柿子，可以刺激血红蛋白生成，有抗疲劳功效，对身体有很大的营养价值。甜柿子成熟后采摘下来即可直接生食。近两年，江西省景德镇市依托中国农业科学院郑州果树研究所驻浮梁果树专家工作站技术优势，引进种植甜柿子优质品种"阳丰甜柿"，面积达50余亩。甜柿子苗树种植3年可挂果，10月中上旬果实成熟可采。一般亩产2 000～2 500千克。

甜柿子树种植宜选择土层深厚、土地肥沃、排灌方便、地下水位较低、交通便利的地块建园。雨水多的地块需起垄栽培。有条件的尽可能挖沟定植，亩栽100株左右。栽植前基肥以有机肥和磷肥为主，每亩施猪粪或鸡粪3 000～5 000千克或饼肥1 000千克、磷肥100千克。肥料与土混匀后回填。种植最佳时期为秋季落叶后及春季萌芽前，即2月中旬以前，不超过雨水节气为宜。

苗木定植后要灌1次透水，灌水后及时松土，防止土壤板结和减少水分蒸发。待水沉实后及时再封一层表土。定植水后2~3天，覆膜、保湿保墒、提高地温、抑制杂草。之后适时浇水，促发新枝。成年果树施基肥、追肥和叶面肥。（1）基肥。于秋季果实采收后施入。以农家肥为主，混施少量复合肥。每100千克果实施优质农家肥100~200千克，以沟施为主。以后每年逐年增加，待开花结果后，每株可秋施有机肥150千克、45%（15-15-15）复合肥0.5~1千克。（2）追肥。追肥一般分花前肥、膨大肥和采后肥：花前肥，以氮肥为主，每株施人粪尿15千克、尿素0.1千克、硫酸钾0.1千克；膨大肥，于6月末至7月初施入，每株可施腐熟人粪尿20千克、尿素0.2千克、硫酸钾0.2千克；采后肥，采果后每株增施纯氮（N）0.1千克、磷（P_2O_5）0.2千克、钾（K_2O）0.2千克，以满足生殖生长和营养生长的需要。（3）叶面肥。全年叶面喷施4~5次。生长前期2次，以氮肥为主；生长后期2~3次，以磷、钾肥为主。最后一次叶面肥应在距果实采收前20天喷施。生长期间若墒情不够应及时灌溉。花期干旱不能灌水会导致落花落果。

155 葡萄在施肥方面有什么特别要求？

答：葡萄在施肥方面与其他果树有共同点，也有不同之处，其特点：一是葡萄对钾的需求量超过氮和磷，有"钾质植物"之称；二是葡萄为忌氯作物，施用含氯化肥如氯化铵、氯化钾及含氯复混肥后会降低葡萄糖分含量；三是葡萄对微量元素硼的需要量相对较多，在花前或膨果初期喷施硼砂溶液可提高坐果率，促进果实膨大；四是基施钙肥或采收果实前喷钙可提高果实品质，延长贮藏期。

156 猕猴桃果树是如何施肥的?

答：猕猴桃原产地为中国，果形一般为椭圆状，表皮覆盖着浓密茸毛，皮毛呈青绿色，貌似猕猴，故称猕猴桃。果肉可食用，品质鲜嫩、酸甜可口、风味鲜美。猕猴桃是一种营养价值丰富的水果，被称为"水果之王"，含有多种氨基酸、中微量元素、胡萝卜素，多种维生素，特别是富含有维生素C以及较多的可溶性膳食纤维。猕猴桃还含有抗氧化功能的超氧化歧化酶，能够清除血液中的垃圾，预防心血管疾病、抗疲劳、延缓衰老。猕猴桃的主要功效是生津润肺燥、降低胆固醇、帮助消化、美容养颜、缓解便秘。猕猴桃属寒性食物，多食对脾胃有损伤。近几年来，江西省景德镇市利用丘陵坡地从中国农业科学院郑州果树研究所引进种植了大量的猕猴桃。

猕猴桃园施肥以有机肥料为主、化肥为辅。根据果园树龄大小、长势、产果量和土壤肥力情况确定施肥量。中等肥力土壤情况下，幼龄树，每亩施优质农家肥2 500千克左右，化肥亩施纯N 5~8千克、P_2O_5 4~7千克、K_2O 4~8千克。成年树，每亩施农家肥5 000千克左右，化肥亩施纯N 10~20千克、P_2O_5 11~15千克、K_2O 14~20千克。化肥可选用尿素、复合肥、磷酸二铵、氯化钾或硫酸钾等肥料进行搭配。全年一般分3次施肥。第一次施基肥，农家肥的80%和各种化肥的60%在秋季采果后作基肥一次性施入，幼树时采用环状沟和条状沟施入，沟深30厘米。成年树期采用行间开沟30厘米施入。第二次施追肥，在翌年萌芽前追施农家肥的10%和各种化肥的20%。第三次施追肥，在谢花后，果实膨大期追施农家肥的10%和各种化肥的20%。幼树追肥在离树干60厘米左右处（根系主要分布区），采用环状沟、条状沟施入。成树追肥可采用全园撒施，浅锄10厘米左右施入。此外，全年还要进行6次左右的叶面施肥。花前以补充氮、铁元素为主。花后以补充磷、钾为主，可选用磷酸二氢钾。采果前以补充钙元素为主，最后一次叶面肥在采果20天前施用。严禁高温时进行叶面喷施。

157 南丰蜜橘是如何进行土肥管理的？

答：南丰蜜橘是江西省主要柑橘品种，有1 300年以上的栽培历史，具有皮薄、无核或少核、酸甜适口、香味醇厚的特点，1999年获中国农业博览会"名牌产品"称号，2007年获"中国驰名商标"。南丰县境内种植面积最高达70万亩，产量超100万吨。目前种植面积在50万亩左右。南丰蜜橘按品系可分为大果系和小果系，按成熟期可分为早熟品种、中熟品种、晚熟品种，早熟品种在10月下旬成熟，中晚熟品种在立冬前后成熟。南丰蜜橘树耐寒性一般，气温在-6℃极易产生冻害，以至树死。

南丰蜜橘对土壤的要求：土层深厚、土壤肥沃、通气良好、地下水位低、排水良好、pH值5.0～7.4。新建橘园通过深耕熟化、施用生石灰、种植绿肥等来进行土壤改良，改变土壤酸、瘦、板、黏的特性，使其适合柑橘根系生长，具体措施为：橘树定植后，逐年向外挖0.5米深的沟，每立方米容积填充稻草等秸秆20千克，钙镁磷肥及生石灰各1～1.5千克于沟底，用土覆盖至1/2，在上轮换种植冬季绿肥、夏季绿肥，成熟后翻压沟内，至整个果园改良完成。

南丰蜜橘结果树株产50千克橘子的施肥主要包括过冬肥、春肥和壮果肥。（1）过冬肥。在采果前1周施入，株沟施45%（15-15-15）硫酸钾型复合肥0.5千克加有机肥10千克。（2）春肥。在3月中下旬施入，春肥着重高氮配方肥，株沟施45%（20-10-15）硫酸钾型配方肥1千克加有机肥5千克，春季施肥应添加适量中微量元素肥如硼肥与锌肥等，用量50克/株，预防各种缺素症。5月上旬对需要保果的树用赤霉素结合施药来保果。（3）壮果肥。在6月底到7月上旬施入，壮果肥着重高钾配方肥，株沟施48%（18-10-20）硫酸钾型配方肥1.25千克，施肥方式为在树冠滴水线附近挖20厘米深的穴或条形沟，逐次轮换挖穴/沟位置。红壤果园，结合中翻每3年撒施1次生石灰，亩用量75～150千克，起中和酸性、补钙、杀菌作用。

158 "云居"精品柑橘是如何施肥的?

答：柑橘是江西省主要果树品种，江西省永修县盛产柑橘，种类有温柑、脐橙、南丰蜜橘、红橘、椪柑等，主要以温柑为主。各类柑橘种植面积达9.8万亩，其中温柑种植面积8.3万亩。温柑品种主要有大芬特早熟蜜橘和宫川早熟蜜橘，大芬蜜橘9月中旬上市，宫川蜜橘10月中旬上市。蜜橘果汁含有酸、糖、维生素C和胡萝卜素等营养物质。蜜橘性凉，具有开胃理气、清热解毒、生津润肺的功效，对降低胆固醇、降血压、预防冠心病和动脉硬化有一定的食疗作用。"云居"蜜橘，果面光滑、果色橙红、皮薄多汁、无核无渣、回味清甜，曾荣获2008中国绿色食品博览会参展企业产品金奖、第十届中国国际农产品交易会金奖、第十四届中国国际农产品交易参展农产品金奖和第十八届中国国际农产品交易会最受欢迎农产品奖。

"云居"精品柑橘基地位于国家重点风景名胜区、中国著名佛教名山——云居山，云居山自然风光秀丽、生态条件良好，其空气、水质及土壤适于蜜橘生产。蜜橘适宜种植于山地或缓坡地，要求土质疏松、深厚，透气性好，弱酸性。蜜橘种植时间为

2—4月，假植大苗也可以在9—10月移植栽种。蜜橘一般每亩栽种80株左右，一般4年左右投产，七八年可进入丰产期，丰产期亩产可达2 500 ~ 3 000千克。

　　蜜橘施肥一般分4次，具体单株施肥方法如下。第一次肥为秋肥，在果实采摘前7天左右施入。特早熟品种一般在9月底至10月初，早熟品种一般在10月底至11月初，以有机肥加复合肥为主，有机肥以腐熟发酵的菜籽饼或成品有机肥为主，一般菜籽饼施5 ~ 10千克、商品有机肥10 ~ 20千克、48%（16-16-16）复合肥0.5千克左右。可混合中微量元素肥料（如钙镁磷肥）一起穴施。第二次肥为春肥（芽前肥），一般在2月底至3月上旬，株用45%（15-15-15）硫酸钾型复合肥0.5千克加尿素0.15千克。第三次肥为稳果肥，谢花坐果期间，一般在5月上旬，每株可用64%（18-46）磷酸二铵0.25千克；第四次肥为壮果肥，特早熟品种原则上在5月底前施完，早熟品种在6月底前施完，株用52%硫酸钾1千克左右。另外，还需在花前、花期补充硼肥，每亩1.5千克左右，或花期结合防治病虫害叶面补充硼肥，幼果期和果实膨大期可以补充钙肥和镁肥。

159 脆皮金橘周年四收果实是如何进行肥水管理的?

　　答：脆皮金橘兼食用、保健、观赏于一体，单果重15 ~ 25克，果实可溶性固形物含量19% ~ 25%，含糖量高达18% ~ 24%，果皮光滑、油胞稀少，无刺鼻麻辣味，全果带皮食用，皮脆肉甜，有理气、化痰等功效。脆皮金橘种植适应性广，耐寒、耐热、抗旱、抗病力强，对土壤要求不严，壤土、砂壤土、黏壤土均可，土壤酸碱性以中性及略酸性为好。喜温暖湿润的环境，最适生长温度为25 ~ 30℃。江西省永丰县于2006年引进种植，在永丰县种植面积约1 000亩。经多年栽培摸索总结出简易大棚冬季增温、夏季微喷浇水降温保湿等配套栽培技术，一年多次开花结果，分别于11月、12月、翌年2月、4月陆续成熟，鲜果上市期长，充实元旦、春节及4—5月水果淡季市场，果实每千克售价20元以上，经济效益高。幼龄树长势强，开花结果早，嫁接苗当年栽植当年挂果；成年树株产50千克以上，亩纯收益上万元，无大小年，丰产稳产性好。

脆皮金橘园地土肥水管理方法：建园时施底肥。按株行距2米×3米，一般是每年2—3月种植，亩栽110株。每穴施入腐熟人粪尿5千克或腐熟粪水25千克加钙镁磷肥1千克，覆20厘米厚表土，剩下的土待栽植后再覆盖。幼龄树施肥以氮肥为主，磷、钾肥为辅，掌握勤施薄施的原则。冬季施基肥，在树的一侧沿树冠滴水线外挖深20厘米、宽30厘米的施肥沟，株施腐熟农家肥25千克加钙镁磷肥1千克，施后浇水，翌年冬季在对侧开沟施肥。追肥分3次：第一次3月1—15日，株施三元素水溶肥50～100克；第二次5月20—30日，株施三元素水溶肥100～150克；第三次7月15—30日，株施三元素水溶肥100～200克。成年树施肥以有机肥为主、复合肥为辅。追肥分3次施肥：第一次春梢萌芽肥，于3月中旬施入，沿树冠滴水线内挖深20厘米、宽20厘米的环形施肥沟，株施腐熟粪水15千克加复合肥0.2～0.5千克；第二次保花稳果肥，于现蕾时的5月中旬施入，株施有机菌肥5千克加水溶复合肥1千克，叶面喷施0.3%磷酸二氢钾加0.2%硼砂混合液；第三次果实膨大肥，于7月中旬小果长到蚕豆大时，株施人粪尿15千克或沼液10千克加48%（16-16-16）复合肥0.5千克。在每次采果后，叶面喷施0.3%磷酸二氢钾加0.2%硼砂混合液。6—8月搭好棚架，10月初盖好裙膜，11月上旬盖好顶膜保温，以后视天气温度变化，通过揭、盖裙膜调节棚内温度。在棚顶安装PV软管，每3米装1个微喷头，接通水源后可随时电动微喷。根据脆皮金橘需水量、天气情况等，每隔7～10天喷水1次，每次喷水量以土壤含水量达到饱和为宜。喷水注意避开花期、大冻期、施药期。

160 乐平蓝莓是如何进行土肥水管理的？

答：蓝莓，杜鹃花科越橘属植物，是一种新型小浆果树种，蓝莓因浆果蓝色而得名。蓝莓白霜素裹、颗粒较小、肉质细腻、甜酸适口、香味宜人，含有多种维生素和花青素，富含黄酮类和多糖类化合物，被称为"水果皇后""浆果之王"。蓝莓发酵产品蓝莓酵素含有超氧化歧化酶，具有抗氧化功能，可延缓老化、减少发炎反应、降低细胞癌化的概率，对心脑血管疾病、肺气肿、老年性白内障、胆固醇、动脉粥样硬化等疾病具有抑制、治疗和保健作用。江西省乐平市浯口镇种有500多亩蓝莓。挂果蓝莓树每株果实产量5千克，亩产值2万余元。

不同的蓝莓品种生长习性不同，应选择适于本区域种植的高产优质蓝莓品种。蓝莓苗栽种后3年可挂果。一般在秋季至早春萌动前定植最好。结果树果实完全成熟期在5—6月。蓝莓适于疏松、排水性能好的酸性砂壤土。对土壤的要求是土层深厚、疏松肥沃、有机质含量高、土壤湿润而不积水。宜选择地势比较平缓的平地或缓坡地。避免选择在山谷地或低洼地块栽培蓝莓，以免花期受到霜害。施肥以有机肥为主，尽量不用或少用化肥。化肥中的氮肥以施硫酸铵等铵态氮肥为佳，不宜施硝态氮肥，禁用含氯氮肥及含氯复合肥。栽植时，将土壤pH值调节至5左右，穴深20～25厘米。根据蓝莓品种、株型确定种植密度，每穴施入菜籽饼肥2千克，扶土踩紧压实根部土壤并浇1次透水。蓝莓忌浓肥，对养分的需求量较小，种植期间只需要在挂果后及采果后为蓝莓施肥。施用量的确定要非常慎重，过量施肥极易使蓝莓树体受到伤害甚至整株死亡。成年挂果蓝莓树的施肥采取基施和追施的方法。基肥一般在每年8月中旬施入，平均每株施有机肥15～17千克。追肥分两次：一次是冬肥，12月施入，株施菜籽饼肥2千克；第二次是春肥，每株施硫酸钾0.5千克。施肥方式可采用环状沟施肥、条沟施肥和土表面撒施肥，其中土表面撒施肥最好在雨前撒入根际树冠滴水线以内。蓝莓根系为浮根，分布较浅，对水分缺乏较敏感，干旱浇水时只需要将表层土壤润湿即可，避免出现积水现象。灌溉水要避免选用含盐量高和pH值高的水源。

161 "田畈蓝"蓝莓是如何进行肥水管理的?

答：如前所述，蓝莓具有很高的营养价值。江西省鄱阳县田畈街镇种有100余亩果大味美的蓝莓，并注册了商标"田畈蓝"。蓝莓亩产200千克左右，亩产值2万元左右。

蓝莓苗种植时间在10—12月，3年后挂果，果实采摘时间在5—7月。蓝莓宜选择砂性且有一定坡度的山地，同时周围要有丰富的干净水源，因为蓝莓苗既怕旱又怕涝，并且种植土地要选在没有阻挡阳光的地方，因为蓝莓喜爱阳光，只有充足的光合作用，蓝莓才会味美。要想蓝莓品质好，除选用优良品种如"奥尼尔""灿烂""薄雾""俱峰"等外，主要是管好肥水。在肥料施用方面，以有机肥为主、化肥为辅，禁用含氯化肥。一般每年施肥3次，当然有条件的也可以增加施肥次数。（1）每年10月基施有机肥和复合肥。每株穴施商品有机肥0.5千克、51%（17-17-17）硫酸钾型复合肥0.5千克。（2）1月追施催芽肥。每株穴施商品有机肥0.5千克、51%硫酸钾型复合肥0.5千克。（3）4月追施保果肥。每株穴施发酵的菜籽饼1千克。此外，做好排水设施和灌溉设施，最好是喷灌，防止旱和涝。8月喷1次水，其余时间视干旱情况灌喷水。在蓝莓整个生产管理期间，实行人工除草，草腐烂后作有机肥料，保证蓝莓的品质和食品的安全。

162 马家柚是如何进行土肥水管理的？

答：马家柚是江西省地方优质柚类品种和江西省品牌产品。马家柚是20世纪80年代从江西省广丰县大南镇马家自然村的地方柚群中选出的红囊型优良株系，源自马家村故称马家柚。马家柚果肉淡红色、肉质细嫩、酸甜适口。马家柚肉囊富含具有抗癌效果的番茄红素、降血糖功效的类胰岛素、抗衰老功效的维生素C。马家柚种植适宜的年平均气温为17～20℃，1月平均温度>5℃。冬季低温极值<-5℃的区域不宜种植，否则会冻死。马家柚一般在2—3月春梢发芽前栽植。果实完全成熟期在11月上中旬。

种植马家柚土壤类型以砂壤土、红壤土为宜。对土壤的要求是土层深厚、疏松透气、微酸偏中性、有机质含量高、排水良好。坡度在30°以下最好，坡向以东南向为最好。施肥以有机肥为主、无机肥为辅。有机肥为菜籽饼、猪牛栏粪及其他商品有机肥。栽植时，每亩栽25～33株，穴长、宽、深各1米，每穴施入有机肥5千克、磷肥0.5～1千克、菜籽饼2～3千克。成年挂果马家柚树的施肥采取基施和追施的方法。基肥：入秋后，一般在每年的10月底至12月底，结合果园深翻一并施入腐熟有机肥15～30千克/株。追肥：分促芽肥、壮果肥和根外追肥。促芽肥一般在春季萌芽前施用，一般每株用尿素0.5千克左右；壮果肥一般在每年6月底前施下，每株根施45%（15-15-15）硫酸钾型复合肥1.5千克左右。根外追肥一般于打农药时混合喷施，每25克尿素或磷酸二氢钾兑12.5千克水。微量元素肥料在4—6月春梢生长期间施用，缺什么补什么。施肥方式可采用环状沟施肥、条沟施肥和土表面撒施肥，其中土表面撒施肥最好在雨前撒入根际树冠滴水线以内。同时做好果园四季管理：春季开好沟以防积水；夏季干旱时需补充水分；秋季需进行扩穴、深翻土壤和割草，成年果园严禁使用草甘膦除草剂以防烂根；冬季需做好枝干涂白、树盘覆盖和树蔸培土等保温工作，以防极低温的危害。

163　井冈蜜柚是如何进行土肥管理的?

　　答：井冈蜜柚是江西省吉安市的主要果树品种和富民产业，目前全市种植面积38万余亩，主导品种有金沙柚、金兰柚和桃溪蜜柚3个品种。井冈蜜柚果品品质优良，果皮薄，呈金黄色，被誉为正宗的"皇帝黄"，十分漂亮，种子少，可食率高，果肉水分多，汁胞柔软，清脆化渣，糯性好，食之十分爽口，酸度低，且食后还有淡淡的回味苦（柠檬素类苦素），井冈蜜柚果实营养丰富，具有消食、润肺、化痰、止咳、降血糖、降血脂之功效。食之不上火，糖尿病人也可以吃，是鲜食的佳品。据分析，其果汁含可溶性固形物12%～16%，每100毫升果汁含维生素C 97～104.6毫克，比甜橙高2倍，较橘类高4倍。

　　井冈蜜柚为常绿果树，性喜温暖，较耐阴，对温度特别敏感。最适合生长温度为25℃左右（23～34℃均适宜生长），在12.8℃以下时其枝梢、根系都会停止生长，最低能耐-5℃短期低温，如温度过低或低温持续时间长时，则会遭到不同程度的冻害。要求年平均温度为17.5℃以上，≥10℃的有效积温5 800℃以上，最冷月（1月）平均气温要达到7℃以上。井冈蜜柚属短日照果树，喜漫射光，光照过强或过弱对其均不利，一般以年日照时数1 200～1 500小时最宜。适宜的降水和湿度有利于其生长发育和产量品质的提高，一般以年降水量1 200～1 800毫米、空气相对湿度75%、土壤相对湿度60%～80%为宜。井冈蜜柚对土壤的适应性广，红壤、黄壤、紫色土均可生长。最适宜的土壤条件是土质疏松肥沃、有机质含量丰富（2%以上）、土层深厚（1米以上、活土层60厘米以上）、透气性好、排水良好、地下水位低（≥1米）、微酸性（pH值5.5～6.5）。

　　井冈蜜柚一般定植6～7年后，开始进入盛果期，果实10月上中旬成熟。传统的成年蜜柚一年施肥4次（包括芽前肥、稳果肥、壮果肥、采前肥），用工量大、劳动强度高，对柚树根系损伤也较严重。近年来，很多井冈蜜柚基地改良了施肥措施，同样实现了丰产、高效目标，其主要技术要点包括两个方面。一方面，减少土壤施肥次数。将常规的芽前肥、壮果肥、采前肥改为重施基肥、补施壮果促梢肥，4次施肥变成2次施肥，不仅减少施肥用量、伤根量，而且降低了人工成本。其一，重施基肥。在10月底至12月中旬，根据树势和挂果量的情况，深沟（30～40厘米）株施枯饼3千克、51%（17-17-17）硫酸钾型复合肥0.5～1千克、钙镁磷肥1千克、生石灰1千克、有机肥8～10千克，利用有机肥的缓释长效性满足柚树生长结果的营养需求。其二，补施壮果促梢肥。在7月中旬前，采取环状沟（20～30厘米）51%（17-17-17）硫酸钾型复合肥1～1.5千克、钙镁磷肥0.5千克，确保果实发育和早秋梢健壮整齐。壮果促梢肥的施用要选择在雨后进行，并在放秋梢前灌水1次，确保秋梢抽发整齐并发育健壮。另一方面，增加根外追肥。在4—10月柚树生长季节，结合病虫防治叶面喷施肥料和营养液，作为土壤施肥的补充手段，在生产中可根据柚树生长物候期或缺素（肥）状况进行，在新梢抽生开花前期亩用尿素0.125千克、16%过磷酸钙0.5千克、53%硫酸钾0.5千克，兑水25千克制成混合液，进行叶面喷施；在花期亩用11%硼砂0.025千克、尿素

0.075千克，兑水25千克制成混合液，进行叶面喷施；在幼果膨大期亩用尿素0.075千克、16%过磷酸钙0.75千克、53%硫酸钾0.25千克，制成混合液，进行叶面喷施。喷施宜在阴天、风小或晴天的早上或晚上进行，否则会伤叶。

164 安福金兰柚是如何施肥的？

答：安福金兰柚是井冈蜜柚三大主栽品种之一，主产于江西省吉安市安福县，属地方品种。其果实卵圆形或梨形，果实基部呈短颈状，油胞平生，果皮薄，成熟时呈金黄色，标准果0.5～1千克，多为0.75千克左右，果肉饱满，脆嫩多汁，甜中带甘，甘而微苦，回味悠长。经常食用，对高血压、糖尿病、血管硬化等疾病有辅助治疗作用。2021年，全县种植面积达7.8万亩。

幼龄树施肥方法。基肥：10—11月，结合扩穴改土施入腐熟有机肥，每株施商品有机肥10～15千克、12%钙镁磷肥2千克、农用生石灰1千克，对称挖条穴深施，做到土肥相混。追肥：追肥要勤施薄施，每次新梢追肥1～2次，一年3～6次，株施45%（15-15-15）硫酸钾型复合肥0.1～0.3千克、尿素0.1～0.2千克。具体施肥量因树而定，随树长大而逐步增加，为防止晚秋梢抽发，一般8月上旬后不能再追肥。结合保梢防病灭虫用磷酸二氢钾20克兑水15千克加微量元素肥叶面喷施，促进秋梢老熟，安全越冬。

盛果树施肥方法（目标产量2 500千克/亩，土壤肥力中等）。基肥：11月，结合采果肥施入，株施45%（15-15-15）硫酸钾型复合肥1～1.5千克、12%钙镁磷肥1千克、商品有机肥15～20千克、颗粒硼20克，隔年施入农用生石灰1千克。基肥施肥量约占全年施肥量的40%。追肥分为芽前肥、稳果肥、壮果肥。芽前肥于2月春施，株施45%（15-15-15）硫酸钾型复合肥1千克、尿素0.25～0.5千克，约占全年施肥量的20%。花期前后叶面喷施硼锌微量元素肥。稳果肥于5月中旬施，看树施肥，花多树弱多施，花少树壮不施或少施，施肥量占全年施肥量的10%。壮果肥于6月下旬至7月中旬施，株施45%（15-15-15）硫酸钾型复合肥1千克、硫酸钾0.5千克。看树势情况选择喷施适量钙、镁、硼、锌等中微量元素叶面肥。施肥量占全年施肥量的30%。施肥方法一般有机肥采取大穴深施，对称轮换挖长方形条穴或条沟，化肥浅沟施，要求对称挖长条沟、环沟或放射状沟。种植绿肥的果园在绿肥盛花期压埋或不压埋实行自传种防生草种植模式。对酸化严重的果园，可适量施用生石灰，达到调节土壤酸碱度的目的。叶面施肥时应按照肥料产品说明书严格控制施用浓度，并避开高温时段喷施，以防"烧叶"。

165 南康甜柚是如何施肥的?

答：江西南康，是"中国甜柚之乡"，位于江西省南部赣江上源的章江流域，属于中亚热带湿润季风气候区，是种甜柚的特优区。南康甜柚分早熟、中熟和晚熟三大类，主要有沙田柚、龙回早熟柚、江坝柚等十多个品种，其中沙田柚的种植面积占85%以上。南康甜柚皮薄果大、形状美观、营养丰富、甜酸适度、清香飘溢，贮藏方便，素有"天然罐头""果中珍品"的美称，深受消费者青睐。目前，南康甜柚千亩以上的连片基地有10多个、百亩以上的连片基地有180多个、十亩以上的有500多个，南康甜柚面积已达16.5万亩，年产量可达27.4万吨，年总产值6.57亿元。南康甜柚，已成为当地农民增收致富的一大农业支柱产业。

南康甜柚种植应优选健康无毒种苗进行种植，因种植地形多为红壤缓坡丘陵地带，宜采用节水灌溉，土壤酸碱适度，土壤pH值控制在5.5～6.5。柚树深翻扩穴结束后，3～5年内可土面撒施有机肥2 000千克、12%钙镁磷肥40千克和生石灰75千克，再进行一次深翻扩穴，推广生草栽培，种植绿肥，采用有机肥替代化肥，浇施腐熟的有机液肥，少用化肥；采取"不动土省力栽培"综合技术模式，3～5年内不动土，实行满负荷挂果，减少修剪的工作量；利用测土配方施肥，达到精准肥水管理。一是配制好有机液肥。在果园内靠近水源的山顶上每100亩建1个沤肥池和配肥池，沤肥池直径3米、高2.5米，配肥池可适当加大，上面有盖板，防雨水、防臭味飘散。将花生麸、菜籽麸等在沤肥池中堆沤充分发酵腐熟，用抽水机搅拌均匀后用抽水机抽入配肥池配水稀释浇施，可适量加入化肥，腐熟的麸水液与化肥总浓度控制在0.5%以下，浇在树冠滴水线处。二是合理施肥和灌溉。（1）在萌芽前、开花前和开花1/3时各施1次肥，施肥时间为2—4月，每株浇施腐熟的稀释有机液肥50～100千克，在液肥中每株可加入尿素0.2～0.3千克和52%硫酸钾0.1千克；在开花坐果期间，结合保果用氨基酸肥1 000倍液或磷酸二氢钾1 000倍液加10%速溶硼肥500～1 000倍液加"爱多收"植物生长调节剂5 000倍液，叶面喷施1～2次。（2）稳果肥。施肥时间为5月，花大果多的柚树，在谢花后施适量的稳果肥，每株可施45%（15-4-16）高钾型复合肥0.25千克，注意加施含镁和钙的肥料或物料如钙镁磷肥和生石灰。（3）壮果肥。6—8月，雨季过后可结合灌水浇施1～2次稀释好的腐熟麸水肥50～100千克/株，如挂果过多且叶片褪绿明显的柚树可在有机液肥中每株添加尿素0.2千克和52%硫酸钾0.1千克。叶片褪绿特明显的个别柚树，多浇施稀释好的腐熟麸水肥1～2次。（4）采果肥。从9月中下旬开始控水控肥，提高品质，除出现严重旱情，柚树叶片出现萎蔫外，原则上不浇水施肥，控制土壤水分，提高养分积累。采果后浇1次采果肥，每株浇施51%（20-10-21）硫酸钾型复合肥0.25千克，可有效补充树体养分，及时恢复树势。冬季每株可施花生麸5～10千克、钙镁磷肥1.5千克左右。

166 袁州脐橙是如何进行肥水管理的?

答：脐橙是江西省的主要果树种类。江西省宜春市袁州区利用适于种植脐橙的气候条件，依托富硒资源优势，发展以脐橙为主的特色农业产业。2021年，全区脐橙总面积达2.4万亩，产量5 000吨，产值3 000万元。约有1万亩的脐橙果品检测含硒量为0.013～0.019毫克/千克，富硒优势明显。脐橙产业已成为袁州区农业经济的一大支柱。

结果脐橙在一年中需施4次肥，分别是冬施基肥、春施催芽肥、夏施壮果肥、秋施采果肥。第一次施肥为冬施基肥。冬季施肥一般在11—12月采果后7～15天，施肥深翻改土，深度一般需达到20～30厘米，施肥类型主要以有机肥为主，配合枯饼、复合肥等。每株盛果树施用有机肥20～30千克、枯饼1～1.5千克左右、45%复合肥0.5千克左右。第二次施肥为春季催芽肥。一般在2—3月，每株施尿素0.25～0.5千克、硫酸钾0.25～0.5千克，采用的施肥方式是沿树冠滴水线开环沟撒施，施肥深度为10～15厘米。第三次肥为壮果肥。7—8月是脐橙果实迅速膨大和抽秋梢的关键时期，每株施有机肥10千克左右、硫酸钾0.5千克左右，配合施用硫酸镁、硫酸锌等中微量元素肥料。其中，有机肥、复合肥进行深施，水溶肥料兑水淋施。第四次肥为采果肥。在果实采摘前10天左右施下，过早会使果实贪青延迟成熟，采果肥应以迟效肥为主，如堆肥等。施用60%（20-20-20）氮磷钾水溶肥0.25～0.5千克、35%（30-0-5）氮钾二元复合肥0.50～0.75千克，兑清水或沼液或沤制腐熟的人畜粪水50～60千克后，以淋施的方式均匀地洒在水滴线内的表土即可。此外，在果园间作种植豆科类绿肥如毛叶苕子等，在3月底至4月盛花期将其翻压覆园还田，翻压覆园也可以降低土壤温度，保墒保水，培肥地力。

167 桑葚是如何进行肥水管理的?

答：桑葚，也叫桑果、桑椹、桑枣，成熟的鲜果味甜汁多，酸甜可口，是人们爱吃的水果之一。桑葚含有丰富的活性蛋白、维生素、氨基酸、胡萝卜素、脂肪酸、芸香苷等营养成分，具有分解脂肪、降低血脂、助消化、治疗贫血、防癌、延缓衰老、美容养颜等功效，既可食用也可药用。江西省浮梁县桑葚种植面积1 000亩左右，品种主要有无籽大10、紫桑1号等。桑葚树适宜于密植栽培，采用宽窄行种植，每亩栽植200～300株。密植桑树建园4年就能达到盛产期，亩产可达1 500～2 500千克。

桑葚树生长对土壤、地形、地势要求不严，在地势较高的爽水田块、丘陵地等光照充足的地带都适宜于栽植。采果桑葚园，一般每年施肥4次。第一次，施发芽肥，春季3月发芽前后施用，每株施用45%（15-15-15）复合肥0.10千克；第二次，施修剪肥，6月桑葚修剪前后施用，每株施用45%（15-15-15）复合肥0.15千克；第三次，施促长肥，在8月上中旬施用，促进花芽分化和枝叶生长充实，每株施用45%（15-15-15）复合肥0.10千克；第四次，施基肥，一般在11月至翌年1月施用，每株施用充分腐熟的农家粪肥15千克，或饼肥、商品有机肥3千克。施肥方法及部位：第一至第三次施肥，在树冠两侧树冠滴水线附近，距树干30厘米以外，开1～2条放射形沟施，沟深10～15厘米；第四次基肥，结合深翻改土扩穴施入20～30厘米深处，施在树冠滴水线附近，每年施入的部位尽可能不要重叠；3年左右施1次硼钙镁等中微量元素肥料，与基肥一起施入；幼年树施肥量较成年树可根据树形大小适当少施，施在树冠滴水线附近，距树干25厘米以外，施入深度在15厘米以上，促使根系向深处生长。

水分管理要求：平地栽植要开好排水沟，使栽植地块在雨季不积水，雨季易积水的地块排水沟要挖40～60厘米深。桑树从开花到果实采收都在春夏季，雨水较多，自然生长良好，有条件的桑树园安装灌溉设施，干旱季节适时浇水，有利于连年丰产丰收。

168 樟树车前子是如何进行土肥水管理的?

答：樟树车前子是江西省樟树市的道地药材，也是江西省的传统经济作物之一。樟树车前子性寒、味苦，具有清热利尿、渗湿止泻、化痰止咳的功效，一般用于治疗小便不畅、水肿、黄疸、咳嗽痰多、肝肾阴亏、头昏眼花等病症。樟树车前子常年种植面积3万亩左右，每亩干果产量150千克左右，亩产值2 000元左右。

樟树车前子育苗应选择日光充足、地势平坦、土壤肥沃、湿润疏松、无污染的田块或旱地作苗床，土壤微酸性至中性，每亩施入腐熟厩肥或堆肥2 000千克、45%（15-15-15）复合肥25千克、钙镁磷肥25千克，再将土深翻15～20厘米，整细耙平做畦，畦宽1米、畦高15～20厘米，做好排水沟。9月下旬至10月上旬播种，每亩用种0.5～1千克。播种前进行种子消毒，采用撒播或条播，将处理好的种子拌草木灰或细沙均匀播在苗床表面，撒一层薄薄的草木灰或细火土灰覆盖。11月中旬至12月上旬移栽，幼苗要求高6～12厘米，有5～6片叶。移栽时选择阴天或者晴天的傍晚，起苗时遇苗床干燥应先浇水湿润。车前子移栽种植行株距宜在（35厘米×45厘米）～（25厘米×30厘米）的范围内，随起苗随栽，栽植深度为略高于原苗入土深度，晴天栽后应浇水。移栽后7天左右为缓苗期，视天气情况适当浇水。返青后根据杂草生长情况适时除草，前期车前子苗小，行间可用锄中耕，在抽穗封垄后不中耕。樟树车前子全季一般施肥1次，在移栽前整地翻耕时每亩施45%（15-15-15）复合肥60千克左右，移栽后不用施肥。

169 清江枳壳高产栽培是如何进行土肥水管理的？

答：江西省樟树市（曾名清江县）以其特有的药材生产、加工、炮制和经营闻名遐迩，素享"药不到樟树不齐，药不到樟树不灵"之美誉。清江枳壳是樟树市的道地药材，有上千年的种植应用历史，古称"商州枳壳""清江枳壳"，具有皮青、肉厚、色白、味香、口面翻卷之特点，品质最优，是国家地理标志保护产品。清江枳壳性苦、辛、酸、温，具有理气宽中、行滞消胀的功效，主治胸胁气滞、胀满疼痛、食积不化、痰饮内停等病症。一般嫁接苗移栽4年后开始结果，6年后进入盛果期。全市种植面积8万亩左右，每亩干果产量570千克左右，亩产值8 500～9 000元。

清江枳壳种植应选择排水良好、疏松、湿润、土层深厚的砂壤土或冲积土，土壤要求微酸至中性。栽植前要充分整地，整细整平，按株距4米、行距5米左右定点挖穴，穴深50～60厘米、宽80厘米，每穴施入腐熟的堆肥或厩肥50～100千克、生石灰0.25千克、钙镁磷肥0.5～1千克，施用时先放生石灰，再放有机肥，最后放钙镁磷肥。每年12月至翌年1—2月移栽，栽后浇透定根水，3～7天后再淋2次水。枳壳幼树早生快发，要注意肥水管理，生长期5—8月以撒施或条施复合肥为主，少量多次，高温期复合肥要溶化后施，以防烧根，有机肥、冬肥、复合肥以11月至翌年3月施用为好。幼树施肥要根据树体大小确定用量，施肥沟离树干一般在50～60厘米，也可以在树冠滴水线处开沟，不能太近以防烧根。栽植6年后的枳壳成年树以中耕追肥为主，除草一般每年3～4

次，追肥结合除草进行。一年之内一般施肥3次：第一次施肥时间在3月上中旬，促进营养生长和开花，以速效氮肥为主，每株施尿素0.1千克左右或者使用充分腐熟的人畜粪肥，施肥方法以树为中心开"十"字形浅沟施入土中；第二次施肥时间在4月中下旬，促进保花保果，每株喷施0.1%磷酸二氢钾液肥3千克左右；第三次施肥时间在11月，促进树势生长，提高树体抗寒防冻能力，以人畜粪、厩肥、堆肥、塘泥等迟效农家肥为主，加上复合肥和磷肥，每株施农家肥15～20千克（如果是商品有机肥则用量为5～10千克）、45%（15-15-15）复合肥0.15千克、钙镁磷肥0.25千克，施肥方法采取树冠下挖环状沟施。施用化肥时，宜选用硫酸钾型复合肥，少用或者不用含氯复合肥。4—6月梅雨季节，应及时做好清沟排水工作，防止积水。在7—9月出现严重干旱时要给予灌水。

170 樟树黄栀子是如何进行土肥水管理的？

答：樟树黄栀子是江西省樟树市的道地药材，长年种植面积达5万亩，成熟干果呈椭圆形或卵圆形，长1.0～2.5厘米，比其他产地的栀子小，除药用外还可提炼天然色素，广泛应用于食品、医药，是国家地理标志保护产品。樟树黄栀子味苦性寒，具有泻火除烦、清热利尿、凉血解毒、散瘀血等功效，主治黄疸尿赤、血淋涩痛、尿血崩漏等病症。一般种植3年后开始结果，5年后进入盛果期。全市种植面积7 000亩左右，每亩干果产量160千克左右，亩产值1 600～2 000元。

樟树黄栀子种植宜选择阳光充足、土层深厚、土壤疏松肥沃的平缓地块，土壤要求酸性至微酸性，忌积水，忌盐碱地。每年12月至翌年1—2月移栽，移栽前提前整地，根据种植株行距条垦、全垦或者挖穴整地，穴径30～40厘米，深30厘米，每穴施5千克左右人畜粪、厩肥、堆肥等农家肥，并与回填土拌匀。移栽前用磷肥或生根粉拌黄泥蘸根，每穴栽1株，将苗木扶正栽入穴内，当填土至一半时，幼苗轻轻往上一提，使根系舒展，然后填土至满穴，用脚踏实，表面再覆盖松土，栽植深度为填土至略高于苗木茎基部出圃土痕位置。黄栀子幼树期可套种花生、黄豆等矮秆作物，作物秸秆可翻入土中作肥料。种植3年后开始结果，每年一般施肥4次左右：第一次，在4月追施速效氮肥，以促进发枝和孕蕾，每株施尿素0.1千克左右；第二次，在5月喷施0.1%磷酸二氢钾叶面肥，促进开花和坐果；第三次，在6月下旬至8月上旬施壮果肥，每株施45%（15-15-15）复合肥0.2千克左右，促进果实壮大及花芽分化；第四次，在冬季沿树冠15厘米开外，深耕施肥培土，每株施商品有机肥5千克左右。施用化肥时，宜选用硫酸钾型复合肥，少用或者不用含氯复合肥。樟树黄栀子忌积水，4—6月梅雨季节，应及时进行清沟排水；7—9月出现严重干旱时，要给予适当灌水。

171　樟树吴茱萸是如何进行土肥水管理的？

答：樟树吴茱萸是樟树市的道地药材，经过提纯复壮，药性药理都独具特色，具有气味浓、色泽绿、颗粒饱、药性好的特点，是国家地理标志保护产品。樟树吴茱萸性热，味辛、苦，具有散寒止痛、降逆止呕、助阳止泻功效，用于治疗头痛、疝痛、脚气、痛经、脘腹胀痛、呕吐吞酸、口疮等病症。樟树吴茱萸长年种植面积4万亩左右，每亩干果产量100千克左右，近年价格波动较大，亩产值6 000～30 000元。

樟树吴茱萸种植应选择避风向阳、土层深厚肥沃、排水良好的地方，以砂壤土或壤土为好，土壤要求微酸性至中性。种植前除尽灌丛、杂草，全垦或条垦25～30厘米深。整地挖穴，穴径50

厘米，深40厘米，每穴施腐熟厩肥或堆肥5～10千克，与穴土混匀作基肥。按3米×3米的株行距，每亩70～90株。冬季落叶后至早春萌芽前，即11月至翌年1—3月移栽，移栽时及时浇定根水。移栽后适时中耕除草，行间可套种花生、大豆、西瓜等作物，也可套种其他药用植物，并以套种作物的秸秆覆盖树笼下。一年一般施肥2次：第一次施肥在冬季落叶后至早春萌芽前，施农家肥或复合肥，每株施腐熟厩肥或堆肥10千克左右或45%（15-15-15）复合肥0.5～1千克，促进春梢萌发生长；第二次施肥在6—7月开花结果前，促进开花坐果，施1次磷、钾肥，可喷施0.1%磷酸二氢钾液肥，或者每株撒施45%（15-15-15）复合肥0.5千克左右。梅雨季节，应及时进行清沟排水。

172　瓜蒌高产是如何施肥的?

答：瓜蒌（栝楼），又叫糖瓜蒌等，为葫芦科栝楼属多年生攀缘型藤本植物。其果实、果皮、果仁（籽）、根茎均为上好的中药材。瓜蒌喜生于峻岭、荆棘丛生的山崖石缝之中。江西省彭泽县从2007年开始种植瓜蒌，目前全县共有瓜蒌种植户1 600余户，种植面积2万余亩。瓜蒌3月上旬育苗，4月初移栽，10月初采摘，平均亩产100千克左右，高产可达150千克。

高产瓜蒌施肥方法主要是施好"五肥"。一是底肥。移栽前整地，每亩施农家肥1 000千克或商品有机肥200千克，整好地后先定植打好穴位，每亩定植200棵，移栽时每亩穴施45%（15-15-15）硫酸钾型复合肥5千克。二是提苗肥。待移栽苗生根后每7天施1次提苗肥，共2～3次，每次亩施尿素5千克，带水浇灌。三是埋肥。待苗长到50厘米左右，每亩施45%硫酸钾型复合肥25千克、硫酸钾10千克、硼砂1.5千克，拌匀混施，离移栽苗30厘米处打

穴或开沟条施。四是花期追肥。待到瓜蒌盛花期时，每亩施45%
（15-15-15）硫酸钾型复合肥20千克、硫酸钾10千克，确保后期需
要的养分。五是喷施叶面肥。盛花期结束后，每亩喷施磷酸二氢
钾2～3次，每次用磷酸二氢钾100克兑水50千克。

---

173 香薷种植是如何进行肥水管理的？

答：香薷又叫五香、蜜蜂草等，是唇形科香薷属植物，可
入药，其味辛、性微温。香薷主要活性成分为黄酮类、香豆素油
类化合物，具有发散风寒和利水消肿的功效，能发汗解表、化湿
和中、利水消肿。主治头痛发热、恶寒无汗、胸痞腹痛、呕吐腹
泻、水肿、小便不利、脚气等。江西省鹰潭市余江区香薷常年种
植面积2 500～3 000亩。2月初播种，7月下旬始收。果实成熟后可
割取全草，晒干、切断使用。每亩干草产量400千克左右，亩产值
3 000～5 000元。

香薷种植适于日照充足、雨量充沛、无霜期长、年平均气温
17.5℃的气候条件。宜选质地疏松、避风向阳、排水良好的砂壤土
种植，丘陵坡地质地疏松的红壤，亦可种植，但不宜重茬。翻耕
前，根据土壤类型与肥力状况，施入腐熟的厩肥或堆肥作基肥，
通常每亩有机肥施入量为2 000千克。土地翻耕15～20厘米后耙细
整平，一般两犁两耙即可，然后做成宽120～150厘米、高12～15
厘米的畦，畦沟宽25～30厘米，畦面呈龟背形，用钙镁磷肥100千
克/亩撒于畦面，再将畦沟泥提于畦面盖住肥料。播种时间以1月底
2月初为宜，播种时将种子与草木灰拌匀，选择晴天或阴天播种，
行距为30厘米，做成浅沟，株距为15～20厘米，点种于浅沟内，
播后稍加压紧，再盖一层薄薄的草木灰，使种子与泥土紧贴，以
利出苗，切勿盖土，播种后及时浇水。播种后如雨水较多，要注

意清沟排水，苗出齐后及时间苗。及时拔草，见草就拔，以拔小、拔了为原则，防止杂草与香薷争夺养分。待苗高5～10厘米时进行第一次施肥，施尿素5千克/亩；第二次抽穗前施尿素8～10千克/亩，撒于畦面，或将尿素溶于水中浇施，每100千克水放入尿素1～1.2千克；以后视苗生长好坏，适当追施肥料。当香薷生长到半花半籽，大部分植株叶片变成淡黄色时，将全株拔起，抖净泥土，晒至全干，扎成小捆，放通风干燥处。

174 中药材水半夏是如何进行土肥水管理的？

答：水半夏（鞭檐犁头尖），又名田三七、半夏等，天南星科犁头尖属植物，浅根性，喜肥，多生于潮湿而疏松肥沃的砂壤土或腐殖土上。喜温和、湿润气候和荫蔽环境，害怕干旱。一般秋冬季节采挖块茎，块茎呈椭圆形、圆锥形或半圆形，表面类白色或淡黄色，不平滑，遍体可见点状根痕。水半夏性温、味辛，有毒；具有燥湿化痰、解毒消肿和止血的功效，主要用于治疗咳嗽痰多、痈疮疔肿、无名肿毒、毒虫螫伤和外伤出血等病症。江西省信丰县水半夏长年种植面积1.5万亩左右，每亩水半夏干果产量800千克左右，亩产值7 500～13 000元。

水半夏种植应选择阳光充足、土壤肥沃、灌排方便的保水田，水田整地方法与水稻秧田相同。旱地栽培采用畦栽，无论水田或旱地种植，都必须施足腐熟的有机肥，如厩肥、绿肥或人粪尿等。水半夏在头年收获时，选择2～3厘米分大小的、无病虫害的块茎作种，选出的块茎外表稍干后，放干燥通风处贮藏。在前一年冬把田块翻耕，做畦宽1.4米、长随地势而定的苗床。按每亩施猪牛栏粪肥2～3吨、绿肥2吨、钙镁磷肥25千克、茶麸80千克，充分腐熟后播种，每亩用种量为40千克左右。根据气象情况当日平均气温在10℃以上即可播种，一般在3月下旬至4月上旬开始播种。播后以畦面保持潮湿不开裂为宜，待幼苗形成2片真叶后，畦面保持水深2～3厘米，此后，每10天施腐熟人粪尿或尿素加水兑成2%浓度浇施，促进催（壮）苗。苗高13～17厘米时定植，定植时注意勿使苗的块茎脱落，并注意定植深度应与秧田生长时一致。移栽前对大田进行三犁三耙，清除杂草，每亩施腐熟猪牛栏粪肥3～4吨或鸡粪和木屑1.5～2吨、绿肥2吨、钙镁磷肥25千克、茶麸30千克，犁耙均匀混合，灌水沤田25天左右，待肥料充分腐熟后整平田块以待插秧定植。定植时田水深宜2～3厘米，经1周左右定根后，灌水深1厘米左右，并及时除草和施肥，每亩施45%（15-15-15）硫酸钾型复合肥10千克拌95%丁草胺除草剂0.5千克进行撒施，同时撒施防治福寿螺的化学药剂。在移栽后20天左右，即5月下旬水半夏侧芽萌发期应施1次追肥，促进分蘖，每亩施45%（15-15-15）硫酸钾型复合肥15～20千克。9月中旬是水半夏对肥料需求最多的时期，因此在施肥时应增加数量促进水半夏灌浆结实，增加淀粉干物质的积累；在夏季气温持续高达30℃时，采取喷施植物呼吸抑制剂亚硫酸氢钠（0.01%）溶液，或0.01%亚硫酸氢钠和0.2%尿素及2%过磷酸钙混合液，抑制水半夏的呼吸作用，减少光合产物的消耗，延迟和减少"倒苗"，增产增收。

175 黄精种植是如何进行土肥水管理的?

答：黄精是一种多年生中药材，味甘、性平，归脾、肾经，有补脾益肺、益精填髓的功效，对治疗阴虚咳嗽、脾虚食少、肾虚少力、肾虚阳痿、遗精等有很好的效果。江西省乐平市高家镇常年种植黄精面积300余亩，亩产2 000～2 500千克。

黄精于晚秋或早春3月下旬前后，选取健壮、无病的植株挖取地下根茎即可作为繁殖材料，直接种植。黄精栽培3～4年秋季地上部枯萎后采收，挖取根茎，除去地上部分及须根，洗去泥土，置蒸笼内蒸至呈现油润时，取出晒干或烘干，或置水中煮沸后，捞出晒干或烘干用作药材。在黄精3～4年生长期间，土肥水管理对产量、品质非常关键，具体抓好3个方面。一是中耕除草和培土。为了避免杂草和黄精幼苗争水争肥，在幼苗出土后就要开始除草，一般每年要进行3～4次的除草。对于板结土壤要适时进行中耕，疏松土壤，以促进幼苗根系生长。在苗期后期还要进行培土，以免根系裸露、根系扎得不牢导致植株倒伏。二是施好基肥和追肥。每年冬前亩基施优质农家肥1 200～1 500千克、过磷酸钙50千克、饼肥50千克，混合均匀后沟施，然后浇水，加速根的形成与生长。追肥一般结合除草和中耕进行，在第一次除草后进行第一次施肥，以后每1～2月施肥1次。每次每亩施入人畜粪肥1 000～1 500千克。但是在施肥时要视生育阶段及长势情况掌握用量，以免灼伤根系。三是管好水分。黄精喜欢湿润、隐蔽的环境，怕旱，所以要适时浇水，一般在移栽后每周浇水1次，保持土壤湿润，同时还要做好遮阴工作，以免强光影响植株生长。雨季又要防止积水，要及时排涝，以免导致烂根。

176 吉安高产油茶树是如何进行土肥水管理的？

答：油茶树是江西省主要经济林，其茶油为高档食用油。油茶树非常适宜于江西省丘陵红壤等酸性土壤种植。种植油茶树以坡面向南、坡度小于20°的地方为好，海拔高度不超过400米，尽量避免在高山、长陡坡、阴坡及积水低洼地上栽种。在坡面种植时，一般采用全垦打穴或等高线水平开壕打穴定植。油茶树定植一般在11月中下旬至2月下旬，6～8年后茶树进入成年。吉安市是江西省油茶主产区，常年种植面积20余万亩，成年高产油茶林一般亩产鲜果700～1 000千克。

在高产油茶树种植管理过程中注重施好3次肥。一是施好定植底肥。定植前每穴填施菜枯饼肥0.5～1千克和45%（15-15-15）复合肥0.25～0.5千克，肥土要混合均匀，然后回填表土，将穴填满堆成馒头形等待定植。栽种前用磷肥黄泥浆蘸苗根，栽种时做到栽正、舒根、踏实（踩紧），提倡深栽、早栽，栽后浇1次定根水，在苗基部覆盖稻草等，以防冻保湿，提高苗木成活率。二是施好幼小树肥。幼小树以营养生长为主，主攻春、夏、秋3次梢，定植当年可以不施肥，从第二年起，3月新梢萌动前半个月左右施入尿素等速效氮肥，每株50～100克，6—7月每株施入45%（15-15-15）复合肥100克左右，11月上旬则以土杂肥或粪肥作为越冬肥，每株5～10千克。幼树期可以结合以耕代抚，在林地间作、套种花生、豆类、油菜等作物培肥地力，间作作物应距离油茶树40厘米左右，以防伤根。三是施好成年树肥。每年施肥2～3次，一般在11月至翌年1月结合人工茶林抚育（清除杂枝杂草、剪除病虫枝和过弱枝、翻土作业消灭土中虫蛹等）每株施用商品有机肥2～3千克或土杂肥、粪肥5～10千克作为越冬肥，以固果防寒；春季3—4月施茶树专用肥或45%（15-15-15）复合肥作为保果肥，每株0.5～1千克；夏季6—7月，根据油茶树的果实数量、叶片叶色、树势进行施肥，如挂果量大、叶片偏黄，每株可增施茶树专用肥或45%（15-15-15）复合肥0.3～0.5千克作为保果壮果肥。油茶树对氯离子比较敏感。氯离子会影响油茶的产量和品质，忌施含氯离子的肥料，宜选硫酸钾型复合肥。施肥时适量加点硼、锌等微量元素。

夏季高温，肥料的形态容易受到改变，因此施肥需要避开高温、干旱天气。油茶根系发达，主要分布在5～30厘米的土层中，具有明显的趋水、趋肥性，以树冠投影附近最为密集，所以茶树施肥时，一般采用沿树冠滴水线内缘挖深、宽各20厘米的环状沟或穴，将肥料施入施肥沟与底土拌匀，回填覆盖即可，以后逐年更换位置，适当加深和加宽施肥沟，促进油茶根系的增加和发展。

177 花卉种养是如何进行肥水管理的？

答：花卉是花草的代名词，原指开花的草本植物，现指具有一定观赏价值的所有植物，不仅包括高等植物中的草本、灌木、乔木和藤本植物，还包括低等植物中的蕨类。花卉种类繁多，对气候、土壤等生存环境有不同的适应性或要求。种养花卉（简称养花）可以美化环境和陶冶情操。随着经济社会的发展、人们生活水平的提高和美丽中国的建设，养花的人越来越多。养花的肥水管理也引起越来越多的关注。

在养花过程中，除控制光照、温度外，土壤及肥水管理是关键。在肥水管理方面应做到"三看"。一看品种。不同品类的花卉对肥料的要求不同，因此应施以不同的肥料。桂花、茶花喜猪粪；杜鹃、茶花、栀子等南方花卉忌碱性肥料；每年剪枝较重的花卉须加大磷、钾肥的比例，以利于萌发新枝；以观叶为主的花卉，可偏重于施氮肥；以观果为主的花卉，在开花期应适当控制给水；球根花卉多施钾肥，以利于球根充实。二看长势。对同一种花卉，要看长势定肥料用量，做到"四多、四少、四不"，即黄瘦多施、发芽前多施、孕蕾多施、花后多施，苗壮少施、发芽少施、开花少施、雨季少施，徒长不施、新栽不施、盛暑不施、休眠不施。三看季节。冬季气温低，大多数花卉处于生长停滞状态，一般不施肥；春秋两季正值花卉生长旺期，需要较多肥料，应适当多追肥；夏季气温高，水分蒸发快，又是花卉植株生长旺期，施追肥次数可多些，但用量宜小。

第五部分

土肥污染与防控技术

178　施用化肥会降低食用农产品品质吗?

答：施用化肥是否会影响食用农产品的品质，应从口感和品质2个方面来分析。从口感方面来讲，农产品口感好不好，除与产品自身品种、施肥等因素有关外，还与人的身体状况特别是饥饱程度有关。在计划经济时代，物质匮乏，吃什么都香。将口感不好的责任全归于施用了化肥较为片面。从品质方面来讲，国内外科学工作者大量试验研究报告几乎一致认为，在一定的条件下，对不同作物无论施用一种、两种或多种肥料养分，在其适宜施用量范围内，它们对作物产品的品质有良好促进作用。生产实践中存在施用化肥对农产品品质产生负面影响的现象，主要原因是大田生产上施肥没有试验研究那么规范，氮磷钾养分之间的平衡及其最佳施用时期、施用量没有把握好，未能在满足高产的同时满足作物营养品质的需要。因此，严格选用和科学施用化肥不会降低农产品品质。

179　施用化肥会对食用农产品产生有毒物质吗?

答：施用化肥是否会对农产品产生有毒物质，可以从肥料成分来分析。化肥成分包括营养成分和附加成分。第一，从营养成分来看，化肥为作物所提供的氮、磷、钾等营养物质与土壤中有机肥料分解释放的氮、磷、钾等营养物质，在被作物吸收时的物质形态是一样的，没有什么不同。在这方面，有机肥与化肥是统一而不是对立的。化肥和化学农药不同。化肥中的有效成分是作物正常生长所必需的营养物质，对人畜没毒性。化学农药的有效成分是用来防病灭虫的，不为作物所必需，对人畜有毒性，有的有致畸、致癌作用。第二，从附加成分来看，化肥也含有一些作物并不需要的少量物质，特别是一些重金属如镉、铬等。不同种类的化肥其重金属含量不同。氮肥和钾肥中的重金属含量低，而生产磷肥的磷矿石中重金属尤其是镉含量相对较高。从现实情况看，人们看好有机肥，但是有些商品有机肥也含有重金属。工厂化养殖场的畜禽排泄物和废水中也含有重金属如铜、砷等。城市垃圾也含有较高的重金属。此外，有机肥中还有可能含有各种病原微生物和寄生虫卵等，存在生物污染。因此，只要选用了重金属安全达标的化肥，化肥对农产品的安全质量仍是有保障的。

180 施用化肥会造成面源污染吗?

答：化肥是重要的农业生产资料，施用化肥是农作物特别是粮食作物增产的主要措施。如果没有化肥，粮食安全将很难得到保障。但是在施用化肥过程中也存在不合理施用现象。化肥的不合理施用，会造成化肥的流失，流向水域，造成水体富营养化。化肥中流失的主要是氮和磷。氮和磷是农作物的营养物质，也是水体中生物的营养物质，但是过量的氮、磷特别是有机氮、有机磷会影响水质。水体富营养化的限制因子是磷素，进入水体中的磷则以人畜排泄物、生活废弃物、淡水养殖业三者的贡献率为最大，而农田径流排水携带的磷只占4.5%左右。尽管如此，我们也不可轻视化肥流失带来的面源污染。化肥是由不可再生资源的矿产经过加工而来的，应当采取有效措施，提高科学施肥水平，实行有机、无机肥料相结合，采用化肥减量增效技术，提高肥料利用率，减少肥料浪费，减轻流失对水体及水质的负面影响。

181　施肥对大气环境会造成负面影响吗？

答：施肥对大气环境的影响主要体现在温室效应方面。对全球温室变暖的贡献主要来自二氧化碳（CO_2）和甲烷（CH_4）两种温室气体组分。从CO_2来看，其对全球气候变暖的贡献率达到50%左右，有机肥的施用、秸秆还田等都会增加土壤CO_2的排放。有研究指出，不施肥处理下稻麦两熟的稻田生态系统中土壤排放的CO_2量为4.4吨/公顷，施肥处理下为4.8～7.1吨/公顷。其中，施粪肥的最高，其次粪肥+无机肥，再次为秸秆+无机肥，最后为无机肥。植物的光合作用是吸收CO_2的，任何增加农作物产量的措施都将意味着增加CO_2的固定。在稻麦两熟制的条件下，每年固定的碳量：不施肥时为8.7吨/公顷，施肥后增加到15.6～16.6吨/公顷。其中，无机肥增加得最多，有机肥增加得最少。从CH_4来看，其对全球气候变暖的贡献率达到20%～25%。土壤CH_4的排放是在强还原条件下产甲烷细菌作用于土壤有机质而产生的。因此，在稻田施用有机肥既增加了碳源，又强化了土壤还原条件，使之有利于增加CH_4的排放。全球稻田CH_4的排放量占全球人为活动导致CH_4排放总量的10%左右，其中因使用有机肥而排放的CH_4占稻田排放量的45%。施用氮肥特别是含有硫基和硝基的氮肥（如硫酸铵及硝态氮肥）、施用普通过磷酸钙及硝酸磷肥等磷肥都能显著抑制甲烷细菌的活动，使CH_4的排放量下降。国内外许多试验都已证明了这一点。综上可见，施肥特别是施化肥对减少碳排放正面效果大于负面效果，可为碳达峰和碳中和起到积极的作用。

182 为什么要开展化肥使用量零增长行动?

答:2016年至2020年,全国开展了化肥使用量零增长行动,其目的是解决以下问题。一是资源问题。化肥是不可再生资源产物,是粮食的粮食。行动前化肥年使用量年年递增,高位增长,资源压力大,长此以往将难以持续,对国家粮食安全构成压力。二是污染问题。化肥使用不当,利用率不高,化肥流失至河流等水体造成不同程度的面源污染。三是肥效问题。化肥过量施用、盲目施用,成本增加、肥效下降,影响经济收益。四是品质问题。化肥过量施及氮、磷、钾不平衡施用,导致农产品品质下降,影响市场竞争力。五是生态问题。化肥用量增加造成土壤板结、酸化等土壤生态环境恶化。开展化肥使用量零增长行动,提高科学施肥水平,是推进农业"转方式、调结构"的重大措施,也是节本增效、节能减排的现实需要,对保障国家粮食安全、农产品质量安全和农业生态安全具有十分重要的意义。

183 如何看待和把握化肥年使用量?

答:2015年,农业部在全国范围内组织开展"化肥使用量零增长行动"(简称"行动")。从2016年到2019年化肥使用量年增长率控制在1%以内,力争到2020年主要农作物化肥使用量实现零增长。其核心要求是逐年降低增长幅度,到2020年主要农作物化肥使用量实现零增长。行动结束后,农业农村部要求继续推进化肥减量增效,也就是要求化肥年使用量继续保持负增长。

化肥使用量零增长或负增长指标,现在已纳入面源污染、土壤污染和大气污染防治考核事项,是中央、省环保部门督查的重点对象，也是农业绿色高质量发展考核的重要内容。在此，须弄清以下5个方面的问题。第一，是所有作物的化肥使用量还是主要农作物的化肥使用量？从"行动"所指来看，是指主要农作物，主要农作物各地不同，需明确主要农作物包括哪些。在江西省，水稻是全域的主要农作物，脐橙、茶叶、蔬菜是一些地方的主要农作物。统计使用量时应明确主要作物对象。第二，是年使用量还是作物单位面积使用量？从"行动"内容来看，是指年使用量。年使用量与作物单位面积使用量有时也是不一致的，通过技术措施可以降低作物单位面积化肥使用量，但如果提高复种指数，扩大种植面积，化肥年使用量就会增加，两者存在矛盾。第三，是化肥使用实物量还是养分量？化肥实物量与养分量有时是不太一致的，建议以养分量计算为宜。第四，是统计部门统计的化肥使用量数据还是供销部门的销售量数据？统计部门与供销部门统计口径及方法是不同的，前者统计使用量，后者统计销售量且存在复计情况，使用量与销售量存在严重不一致情况。如果是考核使用量，建议使用统计部门的数据。第五，是公司门店销售量还是农户使用量？统计数据来自基层，是统计当地基层农资门店销量还是统计农户使用量，两者之间有时也是不一致的。既然是使用量，应当使用农户使用量，统计部门的统计数据应来源于农户实际使用量。需要指出的是，种植面积增加，化肥用量增加，化肥流失增加，面源污染就会增加，它们之间不一定存在正相关关系，增施化肥是否增加污染需进行实地监测，而不是基于试点数据的面积关系推测。为了做好化肥减量增效工作，农业农村部门主要是做好宣传培训和技术示范推广工作，科学减少主要农作物单位面积的化肥用量，特别是做好水稻、油菜氮肥定额用量高产高效技术推广工作，提高化肥利用率和肥效。同时做好确保国家粮食安全和农产品有效供给工作。

184 水稻化肥减量增效有哪些主要技术措施?

答：水稻化肥减量增效技术措施主要有以下5个方面。一是增施有机肥料，酌减化肥用量。有机肥与化肥各有长短，应结合使用。增施有机肥料主要是种好紫云英等绿肥和稻草还田。增施有机肥料可以相应减少化肥用量。二是确定化肥用量，避免盲目施肥。一般情况下，亩产500千克稻谷施氮、磷、钾养分量分别为10千克、4～5千克、7～10千克。粳稻比籼稻耐肥、产量高，其氮、磷、钾养分施用量也应相应增加。三是科学运筹肥料，提升氮肥利用率。确定基肥、蘖肥和穗肥的氮素运筹模式。推行机械插秧侧深施肥。孕穗肥在圆秆时施用。稻田肥力较高的，孕穗肥主施钾肥、少施氮肥，促进籽粒结实增重。四是优化施肥结构，提升肥料效应。避免长期施某一两种肥料，防止土壤生态恶化和产能下降。五是治理酸化土壤，减少化肥用量。治理酸化土壤主要措施是施用生石灰，既调酸又补钙。一般亩施生石灰100～200千克，以基施为主，基施石灰时应与耕层土壤充分混合均匀。

185 蔬菜化肥减量增效有哪些主要技术措施?

答：蔬菜化肥减量增效技术措施主要有以下7个方面。一是科学增施有机肥料。有机肥与化肥各有长短，应结合使用。增施有机肥料可以相应减少化肥用量。人畜禽粪肥施入前应充分发酵腐熟，商品有机肥应符合质量标准。二是确定化肥养分用量。蔬菜作物对氮、磷、钾养分的需求不是等量的，不同的蔬菜品种对氮、磷、钾养分的需求也是不同的。因此，应根据土壤、蔬菜品种以及产量品质要求等情况确定氮、磷、钾养分的适宜施用总量。化肥施用过多会造成化肥浪费和肥害，施用不足难以达到高产。三是合理用好不同化肥。蔬菜不同生育阶段对氮、磷、钾养分的需求是不同的，应根据需肥规律合理运筹不同阶段的氮、磷、钾养分，注重不同养分的基、追肥比例。蔬菜作物与水稻不同，蔬菜喜硝态氮，因此，大多数蔬菜氮肥应选用硝态氮肥。四是优化化肥施用结构，不同肥料搭配使用，如高、低浓度复混肥搭配使用，确保大、中、微量元素平衡供应。五是改进施用方法，化肥撒施后应覆土浇水，防止化肥挥发、流失浪费，提高化肥利用率和肥效。六是注重一些中微量元素补充。应根据蔬菜作物需钙量多的特点适时施用石灰和钙镁磷肥；根据多数蔬菜是喜硼蔬菜，为预防蔬菜缺硼症状，应保持施用硼素肥料。七是提升土壤综合质量。主要是调节土壤酸碱性和增施有机肥料，以提高土壤综合质量。土壤综合质量提高了，便可减少化肥施用。

186　什么是土壤污染?

答：根据《中华人民共和国土壤污染防治法》，土壤污染是指因人为因素导致某种物质进入陆地表层土壤，引起土壤化学、物理、生物等方面特性的改变，影响土壤功能和有效利用，危害公众健康或者破坏生态环境的现象。土壤污染物主要指重金属（镉、铬、汞、砷、铅）、农药（六六六、滴滴涕）及多环芳香烃有机物苯并[a]芘。土壤污染主要源于工业"三废"、农业投入品（肥料、农药、农膜等）、汽车尾气和大气沉降等。

187　什么是土壤重金属污染?

答：土壤重金属污染是指土壤中有毒重金属元素含量超过

风险筛选值。有毒重金属泛指人类食用后对身体健康易造成极大危害的镉（Cd）、铬（Cr）、铅（Pb）、砷（As）、汞（Hg）5种重金属（金属或类金属）。农田土壤重金属污染主要来源于工矿业的废水、废气和固体废弃物，肥料、农药、农膜等农业投入品等也会造成土壤重金属污染。在几种重金属中，镉对人体毒性较强且易被作物特别是水稻所富集，因此格外引人关注。当前，全国开展的农用地土壤污染防治及分类管理或受污染耕地安全利用及严格管控主要是对重金属镉（Cd）污染进行的防控或治理。

188 土壤重金属对水稻的毒害有哪些特点？

答：土壤重金属对水稻的污染主要通过根对养分和水分的吸收来实现的，而这些养分和水分输送到新叶较多，所以容易使新叶中毒。新叶往往脉间失绿，有时有褐色的斑点。污染会造成颖花发育畸形、结实率下降，这是重金属影响水稻经济性状最显著的方面。有研究表明，铜、镍、镉、汞对穗数影响较大，而铜、钴、镍、汞、锌对每穗粒数的影响大，对千粒重影响较大的是铜和镍。各元素对水稻的毒性强弱依次为铜、镍、钴、锌、锰、汞、镉。

189 重金属污染危害人体健康有什么特点？

答：镉、铬、铅、砷、汞5种重金属（金属或类金属）危害人体健康主要有3个方面的特点。一是富集性。人体摄入含有重金属的水、食物和空气后，其重金属会在人体中不断积累和富集。二是剧毒性。当重金属在人体不断富集并达到一定程度时，会导致神经系统破坏，患上严重的疼痛难忍的疾病，引发不同器官或部位的癌变。三是不可逆性。重金属造成的重大疾病一旦患上，将伴随终生，不可治愈或恢复。

190 重金属镉元素对人体有何危害？

答：镉为汞、铅、砷、铬、镍等有毒元素之首，被列为世界八大公害之一，有致癌、致畸作用，是对人体毒性很强的元素。镉中毒可引起肾脏、肝脏、心脏、胰脏、胃肠系统、睾丸、骨骼和血液等病变。在所有病变中，贫血是慢性镉中毒的常见症状。发生在日本富山县神通川流域由于镉污染引起的"骨痛病"是举世皆知的典型的镉中毒公害事件。

191 其他重金属元素对人体健康有何危害？

答：其他重金属在本书中是指铅、铬、汞、砷。铅元素及其化合物进入人体后会通过血液侵入大脑组织，使氧气供应不足，造成脑组织损伤。儿童对铅更敏感，受害更为严重。铅进入孕妇体内后会影响胎儿发育，造成畸形。国内外曾发生过铅中毒的公害事件。重金属铬虽然是人体必需的微量元素，但过量接触或摄入后会引起严重的急性、亚急性或慢性中毒。自然条件下，铬以Cr^{2+}、Cr^{3+}、Cr^{6+}价态存在，其中Cr^{6+}的毒性最强，是强致突变物质，可诱发肺癌和鼻癌。Cr^{3+}有致畸作用。铬中毒的代表性公害事件为2012年中央电视台曝光的"毒胶囊"事件。汞是一种毒性较大的金属，产生的甲基汞进入血液到达脑部会抑制脑中蛋白质的活性，造成脑损害，引发中枢神经中毒。摄入汞及其化合物会引发急性、亚急性和慢性汞中毒。汞中毒的代表性公害事件为20

世纪50年代日本的"水俣病"事件，即大批慢性甲基汞中毒的公害事件。砷是一种有毒类金属，无机砷氧化物及含氧酸是最常见的砷中毒物质。三氧化二砷即人们熟知的砒霜，是剧毒物质，成人服入0.06～0.2克即可导致死亡。摄入砷化物可引起急性中毒和慢性中毒。饮食中含砷量过高，可引起慢性中毒。砷中毒的代表性公害事件较多。孟加拉国的砷污染被世界卫生组织称为"历史上一国人口遭遇到的最大的群体中毒事件"，约200万人集体砷中毒。我国湖南省某地也发生过因土法烧制雄黄炼制砒霜而导致的砷中毒事件，所在村有近一半人都是砷中毒患者，一些人因中毒致癌而死亡。

192 铜元素对作物和人体会产生毒害吗？

答：铜是作物必需的微量元素，吸收一定量的铜对作物生长有益。但是，铜也是重金属，如果水土环境中铜含量很高，作物会被动吸收并富集大量的铜，从而影响作物正常生长发育，继而通过食物链在人体上富集，产生慢性疾病。从目前来看，发生铜污染有两种情况：一种是附近或水系上游有铜矿及加工企业，其废水排放污染水质，通过水淹或灌溉而污染食用农产品；二是畜禽养殖场的粪便及废水中含有来自消毒液的大量铜元素，被作物吸收后产生富集效应。有关铜在人体的富集及危害情况的研究报道或资料很少，一般不会对人体健康造成危害。《土壤环境质量 农用地土壤污染风险管控标准（试行）》（GB 15618—2018）将铜元素纳入农用地土壤污染风险筛选值（基本项目），但是未纳入管制值。在《食品安全国家标准 食品中污染物限量》2017年版和2022年版中均未将铜纳入限量指标。

193　什么是农用地土壤污染风险筛选值和管制值？

答：根据《土壤环境质量　农用地土壤污染风险管控标准（试行）》（GB 15618—2018），农用地土壤污染风险筛选值是指农用地土壤污染物含量超过该值的，对农产品质量安全、农作物生长或土壤生态环境可能存在风险，应当加强土壤环境监测和农产品协同监测，原则上应当采取安全利用措施。农用地土壤污染风险管制值指农用地土壤污染物含量超过该值的，食用农产品不符合质量安全标准等农用地土壤污染风险高，原则上应当采取严格管控措施。

194　不同土壤污染类别有哪些相应管理措施？

答：根据《中华人民共和国土壤污染防治法》中"国家建立农用地分类管理制度。按照土壤污染程度和相关标准，将农用地划分为优先保护类、安全利用类和严格管控类。"依据国务院《土壤污染防治行动计划》，对农用地实施分类管理，未污染和轻微污染的划为优先保护类，轻度和中度污染的划为安全利用类，重度污染的划为严格管控类。

针对不同土壤污染程度类别需采取相应的管理措施，《中华人民共和国土壤污染防治法》和《土壤污染防治行动计划》均有明文规定。（1）对于优先保护类耕地，《土壤污染防治行动计划》规定："各地要将符合条件的优先保护类耕地划为永久基本农田，实行严格保护，确保其面积不减少、土壤环境质量不下降，除法律规定的重点建设项目选址确实无法避让外，其他任何建设不得占用。产粮（油）大县要制定土壤环境保护方案。高标

153

准农田建设项目向优先保护类耕地集中的地区倾斜。推行秸秆还田、增施有机肥、少耕免耕、粮豆轮作、农膜减量与回收利用等措施。"（2）对于安全利用类耕地，《土壤污染防治行动计划》规定："根据土壤污染状况和农产品超标情况，安全利用类耕地集中的县（市、区）要结合当地主要作物品种和种植习惯，制定实施受污染耕地安全利用方案，采取农艺调控、替代种植等措施，降低农产品超标风险。"农艺调控措施主要有种植低积累品种、碱性材料调酸、土壤原位钝化、优化施肥、水分调节、生物修复等。（3）针对严格管控类耕地，《土壤污染防治行动计划》规定："依法划定特定农产品禁止生产区域，严禁种植食用农产品；对威胁地下水、饮用水水源安全的，有关县（市、区）要制定环境风险管控方案，并落实有关措施。"在技术上，主要措施有农作物种植结构调整、退耕还林还草、治理修复、休耕等。

195 水稻生产为什么特别关注重金属镉？

答：目前农用地土壤污染防治的重点是水稻镉超标防控。水稻生产为什么特别关注重金属镉，其原因如下。一是毒性强。重金属镉是毒性很强的元素，长期食用镉超标大米会对人体肾脏、骨骼造成伤害，从而影响健康。20世纪60年代，日本发生食用镉超标大米导致慢性镉中毒引起的"骨痛病"，病症表现为关节疼痛，持续几年后，全身各部位会发生神经痛、骨痛现象，行动困难。2013年5月在广东市场上发现大量产自湖南的镉超标大米，一度引起轰动。二是有污染。由于自然和人为因素影响，稻田土壤中不同程度地含有镉元素，局部稻田土壤镉超过农用地土壤污染风险筛选值和管制值。三是易富集。水稻为镉强富集作物，易使稻米镉含量超标。四是标准严。水稻是我国主要的口粮作物。我国以稻米为主食，食用量大。国家对稻米镉的限量标准是0.2毫克/千克，高于一些发达国家的标准。五是受检测。镉是稻谷收购前必检项目，会影响到粮食收购和粮农收入。

196 为什么稻田土壤镉不超标而稻谷镉却会超标？

答：在水稻生产与稻谷收购中，时常会遇到稻田土壤镉未超标而稻谷镉超标的情况，同时也存在稻田土壤镉超标而稻谷却未超标的情况。为什么会存在这类情况呢？排除检测数据不准因素外，主要与气候条件、土壤酸碱性及水、肥管理有关。在酸性条件下，土壤pH值越低，土壤镉的生物有效性越高，加之水稻对镉具有较强的富集效应，就会出现稻田土壤镉不超标而稻谷镉超标的现象。而在土壤呈碱性的情况下，镉的生物有效性显著降低，水稻对镉积累就少，这可能是稻田土壤镉超标而稻谷却未超标情况的原因之一。此外，不同的水分管理和施肥方法对水稻镉的富集也有一定的影响。上述两种情况启示我们，只要采取降低土壤镉生物有效性的措施就能有效降低稻谷镉的含量，从而有效避免稻田土壤镉不超标而稻谷镉超标情况的发生。

197 蔬菜对镉有限量标准吗？

答：重金属镉是毒性很强的元素。长期食用镉超标蔬菜会对人体健康造成严重危害。国家对蔬菜中镉的限量标准：叶菜蔬菜0.2毫克/千克，豆类蔬菜、块根和块茎蔬菜、茎类蔬菜（芹菜除外）0.1毫克/千克，芹菜、黄花菜0.2毫克/千克，新鲜蔬菜（上述蔬菜除外）中镉限量指标0.05毫克/千克。蔬菜中镉主要来自菜地土壤。由于多种原因，现在不少菜地土壤中不同程度地含有镉元素，有些菜地土壤镉含量还比较高，导致蔬菜镉含量超标。实践证明，采用一些防控技术或措施可以有效降低蔬菜镉的含量。

198 如何防治镉对作物的污染？

答：防治农作物镉超标的措施主要有3个。一是阻断污染源头。监控农田灌溉水的水质和肥料投入品的镉含量。灌溉用水要达到无公害灌溉水要求。肥料中重点加强城市垃圾堆肥和国外磷矿生产的磷肥中重金属的检测。二是减少土壤重金属总量和降低重金属生物有效性。对已发生污染的土壤采取生物吸收法、排土与客土法减少土壤重金属总量，施用石灰等碱性物质和淹水等办法提升土壤pH值，降低土壤镉生物有效性。三是降低农作物富集能力。通过种植高产低积累品种，降低作物产品对镉的吸收积累。

199 减轻土壤镉污染措施有哪些？

答：减轻土壤镉污染措施主要有5个。一是水源管控。加强农田灌溉水质监测，确保灌溉水中重金属镉含量达到《农田灌溉水质标准》（GB 5084—2021）要求。杜绝污水灌溉，严防工业废水浸淹农田。对于轻度污染水源应净化处理后再使用。二是投品管控。加强对农田所使用的肥料、石灰、土壤调理剂等农田投入品的检测和监管，凡镉超标的投入品应禁用或少用，防止镉等重金属对农田土壤的二次污染和其他污染。三是土壤翻耕。对于表层重金属积累的农田土壤，可以采用深翻耕措施。深翻耕时间一般为冬闲或春耕季节，翻耕深度大于20厘米。通过深翻耕，将表层土壤与深层土壤充分混合，稀释土壤耕层镉含量。对于表层及深层土壤重金属含量差异较小的耕地，深翻耕意义不大。四是稻秆移除。对于土壤及稻谷镉含量皆偏高的稻田，其稻秆镉含量也高，不宜直接还田。稻秆移出可减轻农田土壤的镉含量。移出的稻秆可通过加工成草制品加以利用。五是植物提取。在稻田中种植一季对镉高积累的非食用植物或作物，对土壤镉进行提取，降低土壤镉总量。

200　降低农田稻谷镉含量有哪些技术措施？

答：降低水稻镉超标的技术措施主要有以下几种。一是品种选用。不同水稻品种由于外部形态及内部结构的不同，其生理生化机制各异，故对重金属的吸收和累积量差异较大。种植镉吸收能力较弱的水稻品种是降低水稻镉超标的有效措施。同等条件下，粳稻对镉吸收能力一般比籼稻弱，常规稻对镉的吸收能力较杂交稻要弱。由于品种具有较强的区域适应性，各地应试验后再选用。二是淹水灌溉。在淹水条件下，酸性土壤（pH值<6.5）呈还原状态，土壤pH值升高逐渐趋于中性，镉生物有效性降低，从而减少水稻对镉的吸收。三是合理施肥。增施腐熟过的pH值较高的有机肥，提升土壤pH值和增加有机质含量，增强有机质对镉的表面络合作用。控施氮肥、增施磷肥、巧施钾肥。四是石灰调酸。施用质量合格的农用石灰，可以提高土壤pH值，降低土壤中重金属的活性（砷除外），还可以为作物提供钙营养。五是微量元素肥料调控。在水稻分蘖期施铁肥（$FeSO_4-H_2O$）、硒肥（Na_2SeO_3）、锌肥（$ZnSO_4-7H_2O$）或硅肥（Na_2SiO_3），可有效降低水稻对镉的吸收。六是土壤调理。施用土壤调理剂，可钝化镉在土壤中的活性。七是生物修复。施用功能微生物如藻类、菌类，通过其生物代谢功能，降低镉的生物有效性。

201 如何进行水管理才能有效降低水稻对镉的富集?

答：实行淹水灌溉。在淹水条件下，酸性土壤（pH<6.5）呈还原状态，土壤pH值升高，镉易形成沉淀，活性降低，从而减少水稻对镉的吸收。在水稻的盛蘖期（封行前1周至封行后1周）和水稻抽穗灌浆期（开始抽穗到全部勾头成熟）淹水，保持水面高3~5厘米。分蘖期可适当排水，但不要过分晒田。但孕穗期至收获前1周一定要淹水。注意事项：常年淹水的田块降镉效果更显著，但会影响产量。

202 石灰如何施用才能有效降低水稻对镉的富集?

答：施用石灰，可以提高土壤pH值，降低土壤中重金属的活性（砷除外），主要把握以下4点。一是把握石灰用量。pH值小于5的土壤，一次性施300~500千克/亩；pH值为5~6.5的土壤，一次性施100~200千克/亩。二是把握施用时间。最好底施，在水稻移栽前整地翻耕时一次性均匀撒施，与土壤充分混合。三是把握石灰质量。石灰应选用合格的农用石灰，防止二次污染，加重水稻对镉的吸收。四是把握配套措施，施用石灰要结合其他措施，特别水管理措施，防止农田干旱。

203 如何通过施肥降低水稻对镉的富集?

答：实践表明，合理施肥可以在一定程度上降低水稻对镉的富集。（1）增施腐熟的pH值较高的有机肥，可提升土壤pH值和增加有机质含量，增强有机质对镉的表面络合作用，降低镉的生物有效性。（2）控施氮肥，阻控土壤酸化，在孕穗期不施或少施铵态氮肥。增施磷肥，过磷酸钙含有一定量的镉，推荐施用钙镁磷肥；施用磷肥后，土壤对镉的吸附强度增大，使镉的次吸附量增加或形成镉磷酸盐沉淀，从而降低镉生物有效性。（3）控施含氯化肥，少施氯化钾和含氯化铵的高氯复混肥，减轻氯离子的酸化影响，氯离子还会与镉形成络合物，提高镉的有效性。（4）推荐施用硫酸钾，硫酸根离子与镉离子会产生硫化镉沉淀，不利水稻吸收。在镉、铅污染土壤中施用钾肥可优先选择磷酸二氢钾。

204 减轻菜地土壤镉污染的措施有哪些?

答：减轻菜地土壤镉污染的措施主要有如下4个。（1）水源管控。加强灌溉水质监测，确保灌溉水中重金属镉含量达到《农田灌溉水质标准》（GB 5084—2021）要求。杜绝污水灌溉，严防工业废水浸淹农田。对于轻度污染水源应净化处理后再使用。（2）投品管控。加强对菜地所使用的有机肥料、化肥、石灰、农药、农膜、土壤调理剂等农田投入品的检测和监管，凡镉超标的投入品应禁用或少用，防止镉等重金属对农田土壤的二次污染和其他污染。（3）土壤深耕。通过深耕，表层土壤与犁底层甚至是母质层的洁净土充分混合，稀释土壤表层镉含量。还可通过客土，减轻菜地土壤镉的含量。注意事项：深翻耕时结合培肥措施。（4）菜秆移除。各类蔬菜体内镉含量的大小排列顺序为：根≥茎≥叶。对于土壤及蔬菜镉含量皆偏高的菜地，其菜秆镉含量也高，不宜直接还田。菜秆移出可减轻农田土壤的镉含量。

205 降低蔬菜镉富集有哪些技术措施?

答:降低蔬菜镉富集的技术措施主要有4个。(1)品种选用。种植镉富集能力较弱的蔬菜品种。蔬菜镉富集能力大致为叶菜类≥根菜类≥果菜类。其中,叶菜类蔬菜中的青菜、菠菜、芹菜、大白菜等是镉富集率高的品种。但叶菜类蔬菜中的卷心菜、花菜的富集率却大大低于一般叶菜类蔬菜,甚至还低于根菜类蔬菜。(2)合理施肥。增施腐熟过的pH值较高的有机肥,可提升土壤有机质含量,增强有机质对镉的表面络合作用。控施氮肥,减轻土壤酸化。增施磷肥,过磷酸钙含有一定量的镉,推荐施用钙镁磷肥。控施含氯化肥,少施氯化钾和含氯化铵的高氯复混肥,减轻氯离子的酸化影响,降低镉的有效性。推荐施用硫酸钾,在镉、铅污染土壤中施用钾肥可优先选择磷酸二氢钾。(3)石灰调酸。在酸性土壤中施用石灰,可以提高土壤pH值,降低土壤中重金属镉的活性,还可以为作物提供钙营养。建议用量:pH值小于5的土壤,一次性施200~300千克/亩;pH值为5~6.5的土壤,一次性施100~200千克/亩。注意事项:石灰应选用合格的农用石灰。应注意施用石灰会提升土壤中砷的有效性。(4)土壤调理。施用土壤调理剂,可钝化镉在土壤中的活性。应根据农业部门的推荐选择土壤调理剂,并对土壤调理剂进行检测以防镉二次污染和对土壤理化性质的破坏。

206 重度镉污染稻田如何进行严格管控?

答:根据有关法律文件规定,当土壤中重金属含量高于农用地土壤污染风险管制值,难以通过安全利用措施保证食用农产品达到质量安全标准，原则上应当采取禁止种植食用农产品的严格管控措施。不同土壤酸碱度稻田土壤镉的风险管制值分别为1.5毫克/千克（pH值≤5.5）、2.0毫克/千克（pH值5.5~6.5）、3.0毫克/千克（pH值6.5~7.5）和4.0毫克/千克（pH值>7.5）。

在严格管控中应把握以下几点：一是慎重对待严格管控区，特别是基本农田中的严格管控区，有必要扩点再检测，查找污染源，进一步确认污染程度和面积范围，以防以点带面的差错；二是食用农产品主要指粮食、蔬菜等农作物，严格管控区须禁止种植；三是原则上禁止种植食用农产品，但是个别食用农产品如用来榨油的油菜可以种植。有研究报道，重金属镉从油菜籽到菜籽油转移率与油菜籽中的蛋白质含量呈负相关，镉主要是与蛋白质结合，不与油脂结合。四是尽量种植非食用农产品作物，如棉花、麻类等；五是在镉等重金属超标不是特别严重的情况下应尽量不种植花卉、苗木和草皮，因为这会严重破坏耕作层土壤或造成生态环境破坏；六是如果进行种植结构调整，改变基本农田及耕地用途，耕地非农化，须对基本农田进行调整。

第六部分
技术标准与法律政策

207 与土壤肥料有关的技术标准主要有哪些?

答：为规范、有效做好各项土肥水工作，国家及有关部委发布了一些技术标准。这些技术标准主要包括《全国耕地类型区、耕地地力等级划分》（NY/T 309—1996）、《耕地质量等级》（GB/T 33469—2016）、《耕地质量监测技术规程》（NY/T 1119—2019）、《高标准农田建设　通则》（GB/T 30600—2022）、《水稻土地力分级与培肥改良技术规程》（NY/T 3955—2021）、《农田土壤墒情监测技术规范》（NY/T 1782—2009）、《测土配方施肥技术规程》（NY/T 2911—2016）、《肥料标识　内容和要求》（GB 18382—2021）、《肥料合理使用准则　通则》（NY/T 496—2010）、《有机肥料》（NY/T 525—2021）、《生物有机肥》（NY 884—2012）、《缓释肥料》（GB/T 23348—2009）、《土壤环境质量　农用地土壤污染风险管控标准（试行）》（GB 15618—2018）、《肥料中有毒有害物质的限量要求》（GB 38400—2019）、《受污染耕地治理与修复导则》（NY/T 3499—2019）、《有机水稻生产质量控制技术规范》（NY/T 2410—2013）、《绿色食品　肥料使用准则》（NY/T 394—2021）、《绿色食品　产地环境质量》（NY/T 391—2021）、《食品安全国家标准　食品中污染物限量》（GB 2762—2022）、《农田灌溉水质标准》（GB 5084—2021）、《微生物肥料生物安全通用技术准则》（NY/T 1109—2017）。

208 国家对土壤环境质量标准是如何规定的?

答：2018年，生态环境部与国家市场监督管理总局联合发布

《土壤环境质量　农用地土壤污染风险管控标准（试行）》（GB 15618—2018），自2018年8月1日起实施。《土壤环境质量标准》（GB 15618—1995）废止。该标准规定了农用地土壤中镉、汞、砷、铅、铬、铜、镍、锌等基本项目，以及六六六、滴滴涕、苯并[a]芘等其他项目的风险筛选值；规定了农用地土壤中镉、汞、砷、铅、铬的风险管制值。农用地土壤中污染物含量等于或者低于风险筛选值的，风险较低，一般情况下可以忽略。超过风险筛选值的，可能存在污染风险。应当加强土壤环境监测，原则上应当采取安全利用措施。农用地土壤中污染物含量超过管制值的，食用农产品不符合质量安全标准，风险高，原则上应当采取严格管控措施。镉在水田土壤中的风险筛选为：0.3毫克/千克（pH值≤5.5）、0.4毫克/千克（pH值5.5～6.5）、0.6毫克/千克（pH值6.5～7.5）、0.8毫克/千克（pH值>7.5）；镉的风险管制值为1.5毫克/千克（pH值≤5.5）、2.0毫克/千克（pH值5.5～6.5）、3.0毫克/千克（pH值6.5～7.5）、4.0毫克/千克（pH值>7.5）。

209 国家对肥料中的哪些有毒有害物质有限量要求？

答：2019年12月17日，国家市场监督管理总局、国家标准化管理委员会发布了21项强制性国家标准，其中包括《肥料中有毒有害物质的限量要求》（GB 38400—2019）。该标准适用于各种工艺生产的商品肥料，旨在从源头控制有毒有害物质通过肥料进入土壤和食物链，保障生态环境安全和粮食安全，提高我国肥料安全质量水平。该标准规定无机肥料必测的项目有总镉、总汞、总砷、总铅、总铬、总铊和缩二脲7项；对于其他肥料，必测的项目有9项，比无机肥料多了蛔虫卵死亡率和粪大肠菌群数2项指标；规定了总镍、总钴、总钒、总锑、苯并［a］芘、石油烃总量、邻苯二甲酸酯类总量和三氯乙醛8项可选项目。

210 有机肥料有质量标准吗？

答：有标准。2021年5月7日，农业农村部发布了行业标准《有机肥料》（NY/T 525—2021），代替NY 525—2012《有机肥料》，并于2021年6月1日起实施。有机肥料来源于植物和/或动物，是经过发酵腐熟的含碳有机物料，其功能是改善土壤肥力、提供植物营养。有机肥料的技术指标和限量指标要求见表4。

表4 有机肥料技术指标和限量指标要求

技术指标要求		限量指标要求	
项目	指标	项目	指标
有机质的质量分数（%）	≥30	总砷（毫克/千克）	≤15
总养分的质量分数（%）	≥4.0	总汞（毫克/千克）	≤2
水分（鲜样）质量分数	≤30	总铅（毫克/千克）	≤50
酸碱度（pH值）	5.5～8.5	总镉（毫克/千克）	≤3
种子发芽指数（%）	≥70	总铬（毫克/千克）	≤150
机械杂质的质量分数（%）	≤0.5	粪大肠菌群数（个/克）	≤100
		蛔虫卵死亡率（%）	≥95

211 生物有机肥有质量标准吗？

答：生物有机肥有质量标准。《生物有机肥》（NY 884—

2012）于2012年9月1日实施。该标准中生物有机肥是指特定功能微生物与主要以动植物残体（如畜禽粪便、农作物秸秆等）为来源并经无害化处理、腐熟的有机物料复合而成的一类兼具微生物肥料和有机肥效应的肥料。对菌种的要求是使用的微生物菌种应安全、有效，有明确来源和种名。菌株安全性应符合NY 1109—2017的规定。对外观（感官）的要求是粉剂产品应松散、无恶臭味；颗粒产品应无明显机械杂质、大小均匀、无腐败味。生物有机肥产品技术指标要求及重金属限量指标要求见表5。

表5 生物有机肥质量技术指标和限量指标要求

技术指标要求		重金属限量指标要求	
项目	技术指标	项目	限量指标
有效活菌数（亿/克）	≥0.20	总砷（以基干计）（毫克/千克）	≤15
有机质（以干基计）（%）	≥40.0	总镉（以基干计）（毫克/千克）	≤3
水分（%）	≤30.0	总铅（以基干计）（毫克/千克）	≤50
pH	5.5～8.5	总铬（以基干计）（毫克/千克）	≤150
粪大肠菌群数（个/克）	≤100	总汞（以基干计）（毫克/千克）	≤2
蛔虫卵死亡率（%）	≥95		
有效期（月）	≥6		

212 食品安全国家标准对食品中需要限量的污染物有哪些？

答：《食品安全国家标准 食品中污染物限量》（GB 2762—

2022）将于2023年6月30日实施。《食品安全国家标准　食品中污染物限量》（GB 2762—2017）目前仍有效。两者在需要限量的污染物方面是相同的。标准中需要限量的污染物是指除农药残留、兽药残留、生物毒素和放射性物质以外的污染物，包括食品中铅、镉、汞、砷、锡、镍、铬、亚硝酸盐、硝酸盐、苯并[a]芘、N-二甲基亚硝胺、多氯联苯、3-氯-1,2-丙二醇。

213　稻谷中各种重金属的限量标准是多少？

答：《食品安全国家标准　食品中污染物限量》（GB 2762—2017）对稻谷中铅、镉、汞、砷和铬的限量指标做出了规定。（1）铅的限量指标。谷物及其制品中铅的限量指标为0.2毫克/千克。（2）镉的限量指标。稻谷、糙米、大米镉的限量指标为0.2毫克/千克。（3）汞的限量指标。谷物及其制品总汞的限量指标为0.02毫克/千克。（4）砷的限量指标。稻谷、糙米、大米无机砷限量指标为0.2毫克/千克。（5）铬的限量指标。谷物铬的限量指标为1.0毫克/千克。

《食品安全国家标准　食品中污染物限量》（GB 2762—2022）对稻谷中铅、镉、汞、砷和铬的限量指标做出了规定。（1）铅限量指标。谷物及其制品［麦片、面筋、粥类罐头、带馅（料）面米制品除外］中铅的限量指标为0.2毫克/千克；麦片、面筋、粥类罐头、带馅（料）面米制品中铅的限量指标为0.5毫克/千克。（2）镉的限量指标。谷物（稻谷除外）镉的限量指标为0.1毫克/千克；谷物碾磨加工品［糙米、大米（粉）除外］镉的限量指标为0.1毫克/千克，稻谷、糙米、大米（粉）镉的限量指标为0.2毫克/千克。（3）汞限量指标。稻谷、糙米、大米（粉）、玉米、玉米（粉）、玉米糁（渣）、小麦、小麦（粉）总汞的限量指标为0.02

毫克/千克。（4）砷限量指标。谷物（稻谷除外）总砷的限量指标为0.5毫克/千克；稻谷无机砷的限量指标为0.35毫克/千克；谷物碾磨加工品［糙米、大米（粉）除外］总砷的限量指标为0.5毫克/千克；糙米无机砷的限量指标为0.35毫克/千克；大米（粉）无机砷的限量指标为0.2毫克/千克。（5）铬限量指标。谷物及谷物碾磨加工品铬的限量指标为1.0毫克/千克。

214 蔬菜中各种重金属的限量标准是多少？

答：《食品安全国家标准 食品中污染物限量》（GB 2762—2017）对新鲜蔬菜中铅、镉、汞、砷和铬的限量指标做出了规定。（1）铅的限量指标。新鲜蔬菜（芸薹类蔬菜、叶菜蔬菜、豆类蔬菜、薯类除外）铅的限量指标为0.1毫克/千克；芸薹类蔬菜、叶菜蔬菜铅的限量指标为0.3毫克/千克；豆类蔬菜、薯类铅的限量指标为0.2毫克/千克。（2）镉的限量指标。新鲜蔬菜（叶菜蔬菜、豆类蔬菜、块根和块茎蔬菜、茎类蔬菜、黄花菜除外）镉的限量指标为0.05毫克/千克；叶菜蔬菜镉的限量指标为0.2毫克/千克；豆类蔬菜、块根和块茎蔬菜、茎类蔬菜（芹菜除外）镉的限量指标为0.1毫克/千克；芹菜、黄花菜镉的限量指标为0.2毫克/千克。（3）汞的限量指标。新鲜蔬菜总汞的限量指标为0.01毫克/千克。（4）砷的限量指标。新鲜蔬菜总砷的限量指标为0.5毫克/千克。（5）铬的限量指标。新鲜蔬菜铬的限量指标为0.5毫克/千克。

《食品安全国家标准 食品中污染物限量》（GB 2762—2022）对新鲜蔬菜中铅、镉、汞、砷和铬的限量指标做出了规定。（1）铅的限量指标。新鲜蔬菜（芸薹类蔬菜、叶菜蔬菜、豆类蔬菜、生姜、薯类除外）铅的限量指标为0.1毫克/千克；叶菜蔬菜铅的限量指标为0.3毫克/千克；芸薹类蔬菜、豆类蔬菜、生姜、薯类铅的限量指标为0.2毫克/千克。（2）镉的限量指标。新鲜蔬菜（叶菜蔬菜、豆类蔬菜、块根和块茎蔬菜、茎类蔬菜、黄花菜除外）镉的限量指标为0.05毫克/千克；叶菜蔬菜镉的限量指标为0.2毫克/千克；豆类蔬菜、块根和块茎蔬菜、茎类蔬菜（芹菜除外）镉的限量指标为0.1毫克/千克；芹菜、黄花菜镉的限量指标为0.2毫克/千克。（3）汞的限量指标。新鲜蔬菜总汞的限量指标为0.01毫克/千克。（4）砷的限量指标。新鲜蔬菜总砷的限量指标为0.5毫克/千克。（5）铬的限量指标。新鲜蔬菜铬的限量指标为0.5毫克/千克。

215 水果中各种重金属的限量标准是多少？

答：《食品安全国家标准 食品中污染物限量》（GB 2762—2017）对水果中铅、镉的限量指标做出了规定。（1）铅的限量指标。新鲜水果（浆果和其他小粒水果除外）铅的限量指标为0.1毫克/千克；浆果和其他小粒水果铅的限量标准为0.2毫克/千克。（2）镉的限量指标。水果制品镉的限量指标为1.0毫克/千克；新鲜水果镉的限量指标为0.05毫克/千克。

《食品安全国家标准 食品中污染物限量》（GB 2762—2022）对水果中铅、镉的限量指标做出了规定。（1）铅的限量指标。新鲜水果（蔓越莓、醋栗除外）铅的限量指标为0.1毫克/千克；蔓越莓、醋栗铅的限量指标为0.2毫克/千克；水果制品［果酱（泥）、蜜饯、水果干类除外］铅的限量指标为0.2毫克/千克；果酱（泥）铅的限量指标为0.4毫克/千克；蜜饯铅的限量指标为0.8毫克/千克；水果干类铅的限量指标为0.5毫克/千克。（2）镉的限量指标。新鲜水果镉的限量指标为0.05毫克/千克。

171

216 富硒稻谷对硒有限量标准吗?

答：硒是动物和人的必需微量元素，缺硒会引发高血压、冠心病以及多种癌症等。在含硒土壤中种植食用农作物，其农产品多少会含有一定量的硒。即使土壤中硒量很少或无，通过基施或叶面喷施硒产品，也能生产出含硒农产品。硒食用过多也是有害的。国家发布了《富硒稻谷》（GB/T 22499—2008）。该标准规定，通过生产过程自然富集而非收获后添加硒、加工成符合GB/T 1354—2018规定的三级大米中硒含量为0.04 ~ 0.30毫克/千克的稻谷为富硒稻谷。硒含量小于0.04毫克/千克的，判定为非富硒稻谷；硒含量大于0.30毫克/千克的，判定为含硒量超标稻谷，不应食用。由此可见，《富硒稻谷》（GB/T 22499—2008）对硒是有限量标准的。

217 对耕地质量保护有哪些法律规定?

答：国家制定法律法规，对耕地质量进行保护。《中华人民共和国农业法》规定，农民和农业生产经营组织应当保养耕地，合理使用化肥、农药、农用薄膜，增加使用有机肥料，采用先进技术，保护和提高地力，防止农用地的污染、破坏和地力衰退。县级以上人民政府农业行政主管部门应当采取措施，支持农民和农业生产经营组织加强耕地质量建设，并对耕地质量进行定期监测。《中华人民共和国农产品质量安全法》规定，农产品生产者应当合理使用化肥、农药、兽药、农用薄膜等农业投入品，防止对农产品产地造成污染。《基本农田保护条例》规定，利用基本农田从事农业生产的单位和个人应当保持和培肥地力。向基本农田保护区提供肥料和作为肥料的城市垃圾、污泥的，应当符合国家有关标准。

218　国家对基本农田的农业使用有何保护性规定?

答：《基本农田保护条例》规定，基本农田是指按照一定时期人口和社会经济发展对农产品的需求，依据土地利用总体规划确定的不得占用的耕地。由此可见，基本农田是耕地中的未经国务院批准而不得占用的部分，是人们常说的"饭碗田"。保护基本农田是一项基本国策。

《基本农田保护条例》对基本农田保护做出了许多规定。其中对农业使用方面的保护规定可归纳为"三禁止、一应当"。一是禁止任何单位和个人在基本农田保护区内建窑、建房、建坟、挖砂、采石、采矿等破坏基本农田的活动。二是禁止任何单位和个人占用基本农田发展林果业和挖塘养鱼。三是禁止任何单位和个人闲置、荒芜基本农田。承包经营基本农田的单位或者个人连续2年弃耕抛荒的，原发包单位应终止承包合同，收回承包的基本农田。四是向基本农田保护区提供肥料和作为肥料的城市垃圾、污泥的，应当符合国家有关标准。

219　法律政策对耕地占补平衡是如何规定的?

答：《中华人民共和国土地管理法》规定，国家实行占用耕地补偿制度。非农业建设经批准占用的耕地，按照"占多少，垦多少"的原则，由占用耕地的单位负责开垦与所占耕地的数量与质量相当的耕地。《基本农田保护条例》规定，经国务院批准占用基本农田的，当地人民政府应当按照国务院的批准文件修改土地利用总体规划，并补充划入数量和质量相当的基本农田。占用单位应当按照"占多少，垦多少"的原则，负责开垦与所占基本农田的数量与质量相当的耕地。2017年《中共中央国务院关于加强耕地保护和改进占补平衡的意见》对耕地占补平衡做出了政策性规定。从上述规定可以理解出以下4层意思。第一层意思，"占多少，垦多少"必须事先得到国务院批准，这是前提；第二层意思，"占多少，垦多少"不仅指数量，也指质量，新开垦的地或田其质量必须与所占耕地或基本农田的质量相当；第三层意思，耕地质量是一个大概念，质量相当不应只指地力相当，土壤健康状况和田间基础设施也必须相当；第四层意思，质量相当不是开垦单位说了算，需有关部门按有关规定要求进行质量验收。质量相当就要求责任部门对所占耕地或基本农田的质量进行事先察看确定，这样才能进行比对。在耕地占补平衡工作中，不能只重数量忽视质量，坚决防止占多补少、占优补劣、占水田补旱地的现象。要做好新增耕地后期的培肥改良，早日达到质量相当的要求。

220 耕地质量定位监测有法律规定吗？

答：法律法规对耕地质量进行定位监测早有规定。《中华人民共和国农业法》规定，县级以上人民政府农业行政主管部门应当采取措施，支持农民和农业生产经营组织加强耕地质量建设，并对耕地质量进行定期监测。《基本农田保护条例》规定，县级以上地方各级人民政府农业行政主管部门应当逐步建立基本农田地力与施肥效益长期定位监测网点，定期向本级人民政府提出基本农田地力变化状况报告以及相应的地力保护措施，并为农业生产者提供施肥指导服务。

221　在防范肥料污染农田方面，法律法规有些什么规定？

答：在田地中投入有机肥和化肥等肥料，给作物补充所需营养，有利于作物增产。但有些肥料含有对人体健康不利的毒性成分，通过食物链积聚于人体，导致各种疑难怪病。为保护田地的洁净和人体的健康，一些法律对肥料投入农田做了限制性规定。《基本农田保护条例》第二十五条规定，向基本农田保护区提供肥料和作为肥料的城市垃圾、污泥的，应当符合国家有关标准；《肥料登记管理办法》第二十三条规定，取得登记证的肥料产品，在登记有效期内证实对人、畜、作物有害，经肥料登记评审委员会审议，由农业农村部宣布限制使用或禁止使用；《无公害农产品管理办法》第三十六条规定，无公害农产品产地使用的农业投入品不符合无公害农产品相关标准要求的，由省级农业行政主管部予以警告，并责令限期改正，逾期未改正的，撤销其无公害农产品产地认定证书。

222　什么是化肥使用量零增长行动？

答：2015年，农业部在全国范围内组织开展化肥使用量零增长行动。从2015年到2019年化肥使用量年增长率控制在1%以内，力争到2020年主要农作物化肥使用量实现零增长。行动目标任务包括以下4项。（1）施肥结构进一步优化。到2020年，氮磷钾和中微量元素等养分结构趋于合理，测土配方施肥技术覆盖率达到90%以上；有机肥资源得到合理利用，畜禽粪便养分还田率和农作物秸秆养分还田率达到60%以上。（2）施肥方式进一步改进。到2020年，传统施肥方式得到改变，盲目施肥和过量施肥现象基本得到遏制；逐步扩大机械施肥面积，加快水肥一体化技术推广。（3）肥料利用率进一步提高。力争到2020年，主要农作物化肥利用率达到40%以上，平均每年提升0.4个百分点。2020年化肥利用率达42%。（4）耕地基础地力进一步提高。力争到2020年，地力提高0.5个等级以上，土壤有机质提高0.2个百分点，耕地酸化、污染等问题得到有效控制。

化肥使用量零增长行动于2020年底结束，但持续推进化肥减量增效成为"十四五"及以后的农业绿色发展的常态化工作。

2022年11月，农业农村部印发了《到2025年化肥减量化行动方案》。了解化肥使用量零增长行动及其目标任务对于做好当前及今后的化肥减量增效工作具有一定的参考或指导作用。

223 什么是《土壤污染防治行动计划》？

答：《土壤污染防治行动计划》由国务院印发，自2016年5月28日起实施。《土壤污染防治行动计划》以改善土壤环境质量为核心，以保障农产品质量和人居环境安全为出发点。《土壤污染防治行动计划》确定了10个方面的措施，也称"土十条"。《土壤污染防治行动计划》提出了3个阶段的行动工作目标。一是到2020年，全国土壤污染加重趋势得到初步遏制，土壤环境质量总体保持稳定，农用地和建设用地土壤环境安全得到基本保障。土壤环境风险得到基本管控。二是到2030年，全国土壤环境质量稳中向好，农用地和建设用地土壤环境安全得到有效保障，土壤环境风险得到全面管控。三是到21世纪中叶，土壤环境质量全面改善，生态系统实现良性循环。主要指标：到2020年，受污染耕地安全利用率达到90%左右，污染地块安全利用率达到90%以上；到2030年，受污染耕地安全利用率达到95%以上，污染地块安全利用率达到95%以上。

224　什么是农用地土壤污染防治分类管理?

答：土地分为农用地、建设用地和未利用地。农用地是指直接用于农业生产的土地，包括耕地、林地、草地、农田水利用地、养殖水面等。

农用地土壤污染防治是土壤污染防治的重要组成部分。《土壤污染防治行动计划》对农用地土壤污染防治实施分类管理。首先划定农用地土壤环境质量类别，按污染程度将农用地划为3个类别：未污染和轻微污染的划为优先保护类，轻度和中度污染的划为安全利用类，重度污染的划为严格管控类。然后基于不同类别采取相应管理措施，以保障农产品质量安全。

225　水稻施肥对氮肥用量有定额限制吗?

答：为深入推进化肥减量增效，促进农业绿色发展，防止过量施肥，避免盲目减肥，提升水稻绿色生产水平。农业农村部种植业管理司于2020年印发了《全国水稻产区氮肥定额用量（试行）》，将全国水稻产区划分了8个稻区，不同稻区氮肥定额用量不同。比如，长江中游单双季稻区，包括湖北省中东部、湖南省东北部、江西省北部、河南省南部、安徽省，其单季稻产量目标在550～733千克/亩的，亩氮肥用量（N）不低于10千克，不高于12千克。其双季稻单季产量目标在475～633千克/亩的，亩氮肥用量（N）不低于8千克，不高于11千克。对氮肥用量定额可理解为：在目标产量区间，氮肥用量低于下限定额用量，水稻产量较低，不利于国家粮食安全；氮肥用量高于上限定额用量，氮肥用量较多，不符合化肥减量要求。水稻氮肥定额用量要求我们通过增施有机肥料、提升耕地质量、优化化肥施用方法以及科学管水等措施，以最少的氮肥用量实现最高目标产量。由于氮、磷、钾三者间存在一定的配比关系，所以氮肥定额用量做到了，磷、钾肥用量也一并可得到定额。

226 油菜施肥对氮肥用量有定额限制吗？

答：油菜作物生产中对氮肥用量是有定额限制的。为深入推进化肥减量增效，促进农业绿色发展，农业农村部种植业管理司于2020年12月1日印发了《全国油菜产区氮肥定额用量（试行）》，要求各地结合当地实际细化制定油菜氮肥用量定额，既要防止过量施肥，又要避免盲目减肥，提升绿色生产水平。《全国油菜产区氮肥定额用量（试行）》将油菜产区分为6个区，不同的产区有不同的定额要求。如在长江中游冬油菜区，包括湖北、湖南北部、江西北部、河南南部以及安徽西部地区，产量目标为120～210千克/亩的，亩氮肥用量（N）不低于10千克，不高于14千克。

227 生产AA级和A级绿色食品在肥料使用上有何不同？

答：绿色食品是指遵循可持续发展原则，按照特定生产方式生产，经专门机构认定，许可使用绿色食品标志的，无污染的安全、优质、营养类食品。根据《绿色食品 肥料使用准则》（NY/T 394—2021），AA级绿色食品（又称有机食品）是指产地环境质量符合NY/T 391—2021的要求，遵照绿色食品生产标准生产，生产过程中遵循自然规律和生态学原理，协调种植业和养殖业的平衡，不使用化学合成的肥料、农药、兽药、渔药、添加剂等物质，产品质量符合绿色食品产品标准，经专门机构许可使用绿色食品标志的产品。A级绿色食品（比无公害食品要求略高）是指产地环境质量符合NY/T 391—2021的要求，遵照绿色食品生产标准生产，生产过程中遵循自然规律和生态学原理，协调种植业和养殖业的平衡，限量使用限定的化学合成生产资料，产品质量符合绿色食品产品标准，经专门机构许可使用绿色食品标志的产品。

《绿色食品　肥料使用准则》（NY/T 394—2021）规定，AA级绿色食品可使用该标准中的农家肥料、有机肥料和微生物肥料；A级绿色食品生产除可使用上述肥料外还可使用有机-无机复混肥料、无机肥料和土壤调理剂。由此可见，生产AA级绿色食品禁止使用任何化学合成肥料，而生产A级绿色食品允许有限制地使用氮、磷、钾化学肥料。

228　国家对耕地质量保护出台了哪些政策性规定？

答：国家对耕地质量保护高度重视。《中华人民共和国国民经济和社会发展第十四个五年规划和2035年远景目标纲要》指出，坚持最严格的耕地保护制度，强化耕地数量保护和质量提升。《中共中央　国务院关于全面推进乡村振兴加快农业农村现代化的意见》中强调，落实最严格的耕地保护制度，确保耕地数量不减少、质量有提高，健全耕地数量和质量监测监管机制"。《中共中央　国务院关于做好2022年全面推进乡村振兴重点工作的意见》指出，各地要加大中低产田改造力度，提升耕地地力等级。国务院《"十四五"推进农业农村现代化规划》提出，推进耕地保护与质量提升行动，加强南方酸化耕地降酸改良治理和北方盐碱耕地压盐改良治理。

229 国家对土壤肥料污染防治有哪些政策性规定？

答：近些年来，国家不断加大了对土壤肥料污染防治的重视力度。《中共中央关于制定国民经济和社会发展第十四个五年规划和二〇三五年远景目标的建议》指出，推进化肥农药减量化和土壤污染治理。《中华人民共和国国民经济和社会发展第十四个五年规划和2035年远景目标纲要》指出，深入实施农药化肥减量行动，推进受污染耕地和建设用地管控修复。《中共中央 国务院关于全面推进乡村振兴加快农业农村现代化的意见》在"推进农业绿色发展"中强调，持续推进化肥农药减量增效，推进土壤污染防治。《中共中央 国务院关于做好2022年全面推进乡村振兴重点工作的意见》指出，巩固提升受污染耕地安全利用水平，加强农业面源污染治理，深入推进农业投入品减量化。国务院《"十四五"推进农业农村现代化规划》在"主要目标"中提出，农业面源污染得到有效遏制，化肥、农药使用量持续减少。

230 实施"藏粮于地、藏粮于技"战略与土肥有关系吗？

答："藏粮于地、藏粮于技"战略最早出现在《中共中央关于制定国国民经济和社会发展第十三个五年规划的建议》里。该建议提出，坚持最严格的耕地保护制度，坚守耕地红线，实施"藏粮于地、藏粮于技"战略，提高粮食产能，确保谷物基本自给、口粮绝对安全。《中华人民共和国国民经济和社会发展第十三个五年规划纲要》提出，实施"藏粮于地、藏粮于技"战略，以粮食等大宗农产品主产区为重点，大规模推进农田水利、土地整治、中低产田改造和高标准农田建设。《中共中央关于制定国民经济和社会发展第十四个五年规划和二〇三五年远景目标的建议》指出，坚持最严格的耕地保护制度，深入实施"藏粮于地、藏粮于技"战略，加大农业水利设施建设力度，实施高标准农田建设工程。"藏粮于地、藏粮于技"与以前的"藏粮于仓、藏粮于民"的提法不同，后者着重于实物的贮存，而前者是着眼于生产能力，是一种确保国家粮食安全的战略举措。当粮食相对多时，可以采取休耕、养地等措施，让耕地休养生息、恢复提升地力。当遇到特殊情况急需粮食时，可以很快生产出粮食来，不发生粮食紧张或危机。"藏粮于地、藏粮于技"战略与土肥密切相关。"藏粮于地"不仅指面积数量上的地，更指有较高产能的高质量的地。"藏粮于技"中的技是指良种良法，良法包括土肥水技术。落实"藏粮于地、藏粮于技"战略就必须做好耕地质量提升、高标准农田建设、测土配方施肥和土壤污染防治等各项土肥工作，让"农田必须是良田"成为现实，让"庄稼一枝花、全靠肥当家"名副其实，让中国人的饭碗牢牢端在自己手中，主要装中国粮。

第七部分

取样调查与试验示范

231 如何做好耕层土壤混合样品采集工作?

答：土壤样品采集是检测、了解土壤理化性状、土壤健康状况等土壤情况的前提，土壤样品采集方法正确与否直接关系到土壤检测分析结论是否正确可靠。不同的研究目的有不同的土壤样品采样方法。土壤样品采集方法主要有耕层土壤混合样品采样方法、土壤剖面样品采样方法、土壤物理分析样品的采集方法、研究土壤障碍因素的土样采集方法等。

耕层土壤混合样品采集方法是应用较多的土样采集方法，是测土配方施肥中应用的关于检测土壤肥力的土样采集方法。其主要特点是多点取样、每点等量，然后均匀混合成样。做好耕层土壤混合样品采集应做到以下4个"把握"。一是把握取样时间。采样时间一般在秋冬季，在配方施肥对象作物栽种施肥前进行。二是把握取样点数。通常100~200亩采集1个土样。三是把握取样要领。在区域内有代表性的田块中选定15~20个点，然后用小土铲倾斜向下切取每点0~20厘米深度（耕层厚度）的剖面土壤。用于测定微量元素的土壤样品必须用不锈钢取土器或竹片采样。四是把握取样量。混合样取好后除去杂物，再用四分法弃土。建议用于推荐施肥检测的混合土样取0.5千克，用于田间试验检测的混合土样取2千克。

232 "土壤三普"在土壤质量方面主要测哪些项目?

答："土壤三普"是指全国第三次土壤普查。"土壤三普"从2022年开始至2025年结束。开展"土壤三普"，摸清耕地数量性状和质量底数，进而采取对策措施，是落实"藏粮于地、藏粮于技"战略的具体举措，对确保国家粮食安全、加快农业农村现代化、促进生态文明建设、助力乡村产业振兴具有重要意义。

"土壤三普"普查范围广，普查内容多。涉及土壤质量方面的主要为土壤理化性质和生物性状，具体包括机械组成、容重、有机质、酸碱度、养分、重金属、有机污染物、生物多样性等土壤物理、化学、生物指标。对这些指标数据结果的分析与应用，将有助于指导土壤改良、耕地质量提升和科学施肥。

233 如何开展好农户施肥调查工作？

答：农户施肥调查是土肥领域一项非常重要的基础性工作，通过施肥调查可以了解农户施肥方法与状况，发现典型和问题，从而能够以典型和问题为导向，提升科学施肥技术水平。要有效开展好农户施肥调查工作，以水稻施肥调查为例，建议做到以下5个"好"。一是设计好。设计好调查表格，尽量"简化、优化"。表中可分早、中、晚稻，每季稻可分两栏：一栏是水稻品种、产量等基本情况；另一栏是施肥情况。施肥情况栏再分为施肥时间、施肥种类（复合肥的标明氮、磷、钾含量）、肥施用量三小栏。二是填写好。为保证真实准确，最好亲自到户面对面填写。如果工作量大或没时间亲自到户填，需通过培训或说明或提供范本，保证填表人正确如实填写。三是采集好。到农户施肥方法相应的田块采集土样，填好土样采集表，然后检测土壤肥力5项常规指标，为分析施肥方法提供佐证材料。四是分析好。要对施肥调查表中的施肥方法进行分析，首先计算氮、磷、钾养分总量，然后对照产量与土样检测数据，分析水稻施肥方法中施肥时间、肥料用量、氮磷钾配比等情况，找出问题或典型所在。五是应用好。施肥调查的目的是解决施肥中存在的问题或典型，提升科学施肥水平。要针对施肥问题开展技术培训、技术指导或试验示范，全面提升科学施肥技术。

234 如何做好稻田土肥方面的试验?

答：土肥方面的试验包括新型肥料、土壤改良剂及其肥料施用方法等试验。土肥试验是土肥项目的重要内容和土肥技术示范推广的基础。做好稻田土肥试验建议把握好6个"性"。一是代表性。所谓代表性是指试验田块的选择要有代表性，这是开展好试验的先决条件。要根据相关调查情况、土壤检测数据、田块位置面积、田块肥力均匀以及灌溉水源条件等综合情况选择符合试验目的的有代表性的田块为供试田块，前3年做过土肥试验的田块不宜选为供试田块。二是比较性。所谓比较性是指试验处理间具有比较性，这是开展好试验的核心所在。土肥试验须设试验对照，试验对照包括空白对照和处理对照。如果是施肥方法试验，则宜以农户施肥为处理对照。各处理设计应考虑处理与对照、处理与处理间的比较性。三是一致性。所谓一致性是指试验中除试验处理内容不同外，其他条件或措施应保持一致。这是开展好试验的基本要求。试验过程中要保证各处理小区特别是水田各处理小区田面要平整，栽插规格苗数与时间要一致，防病虫打药品种、用量、时间要相同等。四是特殊性。所谓特殊性是指稻田土肥小区间要防肥水相混，这是土肥试验与其他试验不同之处，也是做好土肥试验的关键所在。防肥水相混应主要做到两点。第一，筑好坝。做好小区间的田坝，田坝线、高与宽要符合不串水要求。第二，管好水。筑田坝试验田用水应从水沟直接灌入，保障水源不受其他田块施肥影响。小区灌水原则上以需为入、只进不出。要防止大雨期间各小区串水。五是规范性。所谓规范性是指试验按试验规范要求进行，这是开展好试验的基本保证。有专门试验规范、标准的按规范、标准执行。土肥正规试验一般还应做到试验前取基础土样检测供试土壤5项常规指标及其他特定项目，试验设置重复、试验处理周围设保护行，采取人工收割并单晒单称稻谷重量等必要事项。六是准确性。所谓准确性是指试验中获取的试验数据要准确，这是开展好试验的重中之重。试验中涉及的检测数据、记载数据、测产数据和考种数据都要准确。试验规范及数据准确才能保证试验成功有效，才能为数据统计分析和试验成果取得提供有力支撑。

235 如何开展好水稻化肥减量增效试点示范工作?

答：水稻化肥减量增效试点示范是化肥减量增效项目实施的一项重要内容，通过以点带面验证化肥减量增效效果和推广化肥减量增效技术及经验做法。在示范区开展示范建设工作建议做到8个"要"。一是要登记造册。选定示范区域田块，对示范区内农户及田块情况进行登记造册，填好造册表。二是要开展调查。在该区域开展农户水稻施肥情况调查，调查农户达到10%以上，填好施肥调查表，同时对调查农户所在田块的土样进行取样检测。三是要制定方案。基于土壤检测数据、农户施肥情况和化肥减量增效目标任务制定出示范方案，明确示范目标、工作任务、方法措施及资金概算等。四是要开展培训。对示范区域农户开展化肥减量增效技术培训，指出施肥问题所在，推荐推广施肥技术模式。五是要开展试验。示范区域内设置化肥减量增效试验和多点验证试验，为形成水稻化肥减量增效技术和验证化肥减量增效成效提供科学依据。化肥减量增效正规试验要认真严谨，确保试验数据有效，要对试验数据进行数理统计分析，形成有效的试验报告或论文材料。验证试验要组织测产验收，验证化肥减量增产增收效果。六是要竖立标牌。在醒目位置竖立大型试验标牌，标出项目来源、项目负责人、示范目标任务、区域面积与农户数量、土壤地力情况、农户传统施肥情况、减肥增效化肥用量及方法、实施地点与时间等，让当地干部及农户了解示范情况，利于操作实施和监督。七是要建好示范建设工作台账。平常做好相关图文资料的留存，将示范前期工作、项目实施方案、实施过程及成效的图文资料收集好，分类建好台账。八是要做好总结验收工作。组织专家及农户对示范区内正规试验和验证试验田进行测产，开展农户调查评价与效果分析。根据测产数据、效果调查评价分析及工作台账写好示范区建设工作总结，并配好佐证材料。最后要对项目示范进行验收，评价资金使用情况和示范任务完成情况，评定示范成效及技术有效性。

236 如何开展好耕地酸化治理示范工作？

答：耕地酸化是农业生产中的一大障碍因素，稻田土壤酸化不仅会恶化水稻生长环境，而且还会活化土壤重金属镉，产出有毒大米。耕地土壤酸化治理是实现"藏粮于地"战略的一项重要举措，也是保障农产品质量安全的源头措施。开展耕地酸化治理示范是当前正在实施的耕地保护与质量提升项目的一项重要内容。开展好耕地酸化治理示范要有示范方案，建议在方案实施中做到9个"有"。一是有面积。示范区要有一定的面积，要根据当地实际情况及上级要求确定示范面积，一般要求1万亩以上。面积及其对应农户须登记造册。二是有标牌。在示范区域醒目地点竖立示范标牌，示范标牌要明示项目来源、示范面积、示范内容、示范目标、示范地点及示范负责人等信息。地块分散的还须多竖立几个标牌。三是有培训。举办培训班，向参加示范的农户讲解酸化治理意义、技术方法及注意事项。四是有物料。酸化治理的主要措施是施用石灰等碱性物料，要统一调配质量合格的物料并登记发放，防止土壤二次污染。五是有实施。要组织农户或第三方按时间节点对酸化农田撒施物料，技术人员要到场进行指导。六是有对比。根据项目要求设立多个效果监测点和田间试验点。监测点及试验点要规范操作，确保试验数据有效。要组织专家及农户进行现场测产。七是有台账。在示范的整个过程中要收集好有关图文资料，包括示范方案、实施过程图片、物料采购及发放、监测点试验点数据材料等。八是有检测。要对示范区前后的土壤酸碱度进行检测，不仅要对监测点及试验点的土壤酸碱度进行检测，而且还要按一定比例要求抽样农户土壤，检测其酸碱度变化。九是有验收。示范结束后要组织验收。项目县在验收前开展效果自查自评，省或市级组织专家对示范进行验收，验收主要做到5个方面的审查，即审查实施过程及资金使用效益，审查土壤pH值是否有提高并达到项目要求，审查是否增产增效及对土壤生态的影响，审查农户对示范效果的满意度，审查认定总结出的技术或模式是否可以推广。

参考文献

安志装，索琳娜，赵同科，等，2018. 农田重金属污染危害与修复技术[M]. 北京：中国农业出版社.

白由路，杨俐苹，2006. 我国农业中的测土配方施肥[J]. 土壤肥料（2）：3-6.

陈忠平，程飞虎，文喜贤，2016. 江西省双季晚粳高产栽培技术[J]. 江西农业（3）：56-57.

褚海燕，刘满强，韦中，等，2020. 保持土壤生命力 保护土壤生物多样性[J]. 知识讲堂（6）：38-42.

褚海燕，马玉颖，杨腾，等，2020. "十四五"土壤生物学分支学科发展战略[J]. 土壤学报，57（5）：1106-1116.

邓兰生，张承林，2018. 荔枝龙眼水肥一体化技术图解[M]. 北京：中国农业出版社.

方克明，沈慧芳，双巧云，等，2016. 水稻化肥使用量增长问题与零增长对策[J]. 中国农学通报，32（27）：200-204.

方克明，肖欣，王美玲，等，2021. 农用石灰在酸性及镉污染稻田中试效果[J]. 中国农学通报，37（26）：93-97.

方克明，钟国民，占木水，等，2007. 水稻氮磷钾配施效应研究[J]. 江西农业学报，27（10）：50-53.

方克明，钟国民，周丽芳，等，2017. 石灰在酸性稻田的施用效果[J]. 中国土壤与肥料（5）：105-109.

冯天哲，于述，周华，1998. 养花大全[M]. 2版. 北京：中国农业出版社.

腐植酸编辑部，2019. 腐植酸保护生物多样性的重点在土肥上：关注2020年COP15中国成果[J]. 腐植酸（5）：84.

复旦大学，上海化工学院，上海海运学院《肥料》函授组，1975. 肥料及其合理施用[M]. 上海：上海人民出版社.

高祥照，申眺，郑义，等，2002.肥料实用手册[M].北京：中国农业出版社.

国家市场管理总局，国家标准化管理委员会，2021.肥料标识　内容和要求[S]. GB 18382—2021.北京：中国标准出版社.

国家市场监督管理总局，国家标准化管理委员会，2009.缓释肥料[S]. GB/T 23348—2009.北京：中国标准出版社.

国家市场监督管理总局，国家标准化管理委员会，2019.肥料中有毒有害物质的限量要求[S]. GB 38400—2019.北京：中国标准出版社.

国家市场监督管理总局，国家标准化管理委员会，2022.高标准农田建设　通则[S]. GB/T 30600—2022.北京：中国标准出版社.

国家生态环境部，国家市场监督管理总局，2021.农田灌溉水质标准[S]. GB 5084—2021.

国家卫生和计划生育委员会，国家食品药品监督管理总局，2017.食品安全国家标准　食品中污染物限量[S]. GB 2762—2017.北京：中国标准出版社.

国家卫生和计划生育委员会，国家食品药品监督管理总局，2022.食品安全国家标准　食品中污染物限量[S]. GB 2762—2022.北京：中国标准出版社.

国家质量监督检验检疫总局，国家标准化管理委员会，2016.耕地质量等级[S]. GB/T 33469—2016[S].北京：中国标准出版社.

国家质量监督检验检疫总局，国家标准化管理委员会，2018.富硒稻谷[S]. GB/T 22499—2008.北京：中国标准出版社.

何念祖，孟赐福，1987.植物营养原理[M].上海：上海科学技术出版社.

胡霭堂，2008.植物营养学（下册）[M].北京：中国农业大学出版社.

胡永军，2011.寿光菜农设施蔬菜连作障碍控防技术[M].北京：金盾出版社.

黄庆海，2014.长期施肥红壤农田地力演变特征[M].北京：中国农业科学技术出版社.

江西省测土配方施肥春季行动联席会议领导小组办公室，2005.测土配方施肥技术手册（内部资料）[Z].

江西省抚州地区农业局，1977.低产田的改造[M].南昌：江西人民出版社.

江西省农业农村厅科技教育处，江西省农业生态与资源保护站，2022. 江西省
　　受污染耕地安全利用技术手册（内部资料）[Z].

江西省农业厅，1981. 土壤肥料[M]. 南昌：江西人民出版社.

江西省人民政府. 江西省农业生态环境保护条例[OL]. （2018年11月5日）[2022
　　年9月27日]. http://www.jiangxi.gov.cn/art/2020/5/11/art_5225_1878590. html.

江西省土地管理局，江西省土壤普查办公室，1991. 江西土壤[M]. 北京：中国
　　农业科技出版社.

江西省土肥技术推广站，江西省粮油作物局，2004. 花卉施肥要三看[J]. 江西
　　土肥信息（7）：31-32（内部刊物）.

江志阳，高立红，尹微，等，2020. 土壤微生物：可持续农业和环境发展的新
　　维度[J]. 微生物学杂志，40（3）：1-7.

金耀青，张中原，1993. 配方施肥方法及其应用[M]. 沈阳：辽宁科学技术出版社.

雷喜红，李玲，韦美嫚，等，2016. 地福来活性细胞生物肥对不同叶菜生长发
　　育及产量的影响[J]. 蔬菜（12）：28-30.

李显刚，班镁光，周泽英，等，2015. 土壤微生物生态学在农业中的应用研究
　　综述[J]. 中国土壤与肥料（2）：5-9.

林葆，2004. 化肥与无公害农业[M]. 北京：中国农业出版社.

马国瑞，1999. 家庭养花巧施肥[M]. 北京：中国农业出版社.

马国瑞，2009. 蔬菜施肥指南[M]. 北京：中国农业出版社.

农业部全国农业技术推广总站，1997. 特菜生产200问[M]. 北京：中国农业出
　　版社.

农业部人事劳动司，农业职业技能人事劳动司组织，2007. 肥料配方师职业技
　　能培训大纲[M]. 北京：中国农业出版社.

农业化学卷编辑委员会，1996. 中国农业百科全书——农业化学卷[M]. 北京：
　　农业出版社.

彭春瑞，2013. 农业面源污染防控理论与技术[M]. 北京：中国农业出版社.

秦富，1998. 提高化肥使用效益200问[M]. 北京：中国农业出版社.

生态环境部，国家市场监督管理总局，2018. 土壤环境质量　农用地土壤污染风险管控标准（试行）[S]. GB 15618—2018. 北京：中国环境出版社.

时雷雷，傅声雷，2014. 土壤生物多样性研究：历史、现状与挑战[J]. 科学通报，59（6）：493-509.

汤怀志，程锋，张蕾娜，2022. 耕地土壤生物多样性保护的探索与展望[J]. 中国土地（2）：11-13.

汤展枢，王贵才，何福泉，1985. 绿肥[M]. 南宁：广西人民出版社.

万水霞，朱宏斌，唐杉，等，2015. 紫云英与化肥配施对稻田土壤养分和微生物学特性的影响[J]. 中国土壤与肥料（3）：79-83.

王德安，胡业功，2016. 地福来藻类活性细胞生物肥在红薯上的使用效果研究[J]. 现代农业科技（9）：10，13.

王宏航，周江明，童文彬，2018. 绿肥种植与利用[M]. 北京：中国农业科学技术出版社.

王佩瑶，张璇，袁文娟，等，2021. 土壤微生物多样性及其影响因素[J]. 绿色科技（8）：163-164，167.

吴凌云，2020. 福建省水稻肥料利用率试验结果初报[J]. 农业科技通讯（10）：119-123.

吴玉光，刘立新，黄德明，2000. 化肥使用指南[M]. 北京：中国农业出版社.

武琳霞，丁小霞，李培武，等，2016. 我国油菜镉污染及菜籽油质量安全性评估[J]. 农产品质量与安全，2（1）：41-46.

徐春花，朱萍，黄卫红，等，2009. 农田中重金属镉污染对食用农产品安全性的影响研究[J]. 上海农业科技（4）：29-30.

姚素梅，2014. 肥料高效施用技术[M]. 北京：化学工业出版社.

张乃明，常晓冰，秦太峰，2008. 设施农业土壤特性与改良[M]. 北京：化学工业出版社.

张秀玲，宋光煜，2004. 植物的镍营养[J]. 土壤肥料（6）：33-36.

赵永志，2018. 肥料面源污染防控基本策略与关键技术[M]. 北京：中国农业科学技术出版社.

浙江农业大学，华中农学院，江苏农学院，等，1983. 实用水稻栽培学[M]. 上海：上海科学技术出版社.

中国农业科学院郑州果树研究所，景德镇市科技局，2020. 景德镇猕猴桃栽培新技术手册（内部资料）[Z].

中国农业科学院郑州果树研究所，景德镇市科技局，2022. 景德镇柿子新技术手册（内部资料）[Z].

中华人民共和国农业部，1996. 全国耕地类型区、耕地地力等级划分[S]. NY/T 309—1996. 北京：中国标准出版社.

中华人民共和国农业部，2009. 农田土壤墒情监测技术规范[S]. NY/T 1782—2009. 北京：中国农业出版社.

中华人民共和国农业部，2010. 肥料合理使用准则　通则[S]. NY/T 496—2010. 北京：中国标准出版社.

中华人民共和国农业部，2012. 生物有机肥[S]. NY 884—2012. 北京：中国农业出版社.

中华人民共和国农业部，2021. 绿色食品　肥料使用准则[S]. NY/T 394—2021. 北京：中国标准出版社.

中华人民共和国农业部，2013. 有机水稻生产质量控制技术规范[S]. NY/T 2410—2013. 北京：中国农业科学技术出版社.

中华人民共和国农业部，2017. 测土配方施肥技术规程[S]. NY/T 2911—2016. 北京：中国农业出版社。

中华人民共和国农业农村部，2019. 耕地质量监测技术规程[S]. NY/T 1119—2019. 北京：中国农业出版社.

中华人民共和国农业农村部办公厅，2019. 轻中度污染耕地安全利用与治理修复推荐技术名录（2019年版）[Z].

中华人民共和国农业农村部，2019. 受污染耕地治理与修复导则[S]. NY/T 3499—2019. 北京：中国农业出版社.

中华人民共和国农业农村部，2021. 绿色食品　产地环境质量[S]. NY/T 391—2021. 北京：中国农业出版社.

中华人民共和国农业农村部，2021. 有机肥料[S]. NY/T 525—2021. 北京：中国农业出版社.

中华人民共和国农业农村部，2022. 水稻土地力分级与培肥改良技术规程[S]. NY/T 3995—2021. 北京：中国农业出版社.

中华人民共和国农业农村部. "十四五"推进农业农村现代化规划[OL]. （2022年2月11日）[2022年9月27日]. http://www.gov.cn/zhengce/content/2022-02/11/content_5673082.htm.

中华人民共和国农业农村部. 肥料登记管理办法[OL]. （2022年1月7日）[2022年9月27日]. http://www.moa.gov.cn/govpublic/CYZCFGS/202201/t20220127_6387831.htm.

中华人民共和国农业农村部. 农业农村部关于印发《到2025年化肥减量化行动方案》和《到2025年化学农药减量化行动方案》的通知[OL]. (2022年12月10日) [2022年11月18日] http://www.moa.gov.cn/govpublic/ZZYGLS/202212/t20221201_6416398.htm.

中华人民共和国农业农村部. 无公害农产品管理办法[OL]. （2008年3月4日）[2022年9月27日]. http://www.moa.gov.cn/gk/zcfg/nybgz/200806/t20080606_1057066.htm.

中华人民共和国农业农村部. 中华人民共和国农业法[OL]. （2018年3月27日）[2022年9月27日]. http://www.zys.moa.gov.cn/flfg/201803/t20180327_6313795.htm.

中华人民共和国农业农村部. 到2020年化肥使用量零增长行动方案[OL]. （2017年11月29日）[2022年9月27日]. http://www.moa.gov.cn/nybgb/2015/san/201711/t20171129_5923401.htm.

中华人民共和国农业农村部. 中共中央　国务院关于全面推进乡村振兴加快农业农村现代化的意见[OL]. （2021年2月18日）[2022年9月27日]. http://www.

zzys.moa.gov.cn/zcjd/202103/t20210312_6363531.htm.

中华人民共和国农业农村部. 中共中央　国务院关于做好2022年全面推进乡村振兴重点工作的意见[OL]. （2022年4月1日）[2022年9月27日]. http://www. moa.gov.cn/nybgb/2022/202202/202204/t20220401_6395096.htm.

中华人民共和国农业农村部. 中共中央关于制定国民经济和社会发展第十三个五年规划的建议[OL]. （2015年11月3日）[2022年9月27日]. http://www.gov.cn/ xinwen/2015-11/03/content_5004093.htm.

中华人民共和国农业农村部. 中共中央关于制定国民经济和社会发展第十四个五年规划和二〇三五年远景目标的建议[OL]. （2020年11月3日）[2022年9月27日]. http://www.gov.cn/zhengce/2020-11/03/content_5556991.htm.

中华人民共和国农业农村部种植管理司, 2020. 全国水稻产区氮肥定额用量（试行）[Z].

中华人民共和国农业农村部种植管理司, 2020. 全国油菜产区氮肥定额用量（试行）[Z].

中华人民共和国中央人民政府. 基本农田保护条例[OL]. （1998年12月27日）[2022年9月27日]. http://www.gov.cn/zhengce/2020-12/26/content_5574284.htm.

中华人民共和国中央人民政府. 中共中央　国务院关于加强耕地保护和改进占补平衡的意见[OL]. （2017年1月23日）[2022年9月27日]. http://www.gov.cn/ zhengce/2017-01/23/content_5162649.htm.

中华人民共和国中央人民政府. 中华人民共和国国民经济和社会发展第十三个五年规划纲要[OL]. （2016年3月17日）[2022年9月27日]. http://www. gov. cn/ xinwen/2016-03/17/content_5054992.htm.

中华人民共和国中央人民政府. 中华人民共和国土壤污染防治法[OL]. （2018年8月31日）[2022年9月27日]. http://www.gov.cn/xinwen/2018-08/31/ content_5318231.htm.

中华人民共和国中央人民政府. 土壤污染防治行动计划[OL]. （2016年5月31日）[2022年9月27日]. http://www.gov.cn/xinwen/2016-05/31/content_5078445.

htm.

中华人民共和国中央人民政府. 中华人民共和国土地管理法[OL]. （2005年5月26
　　日）[2022年9月27日]. http://www.gov.cn/banshi/2005-05/26/content_989.htm.

中华人民共和国农业农村部. 中华人民共和国国民经济和社会发展第十四个
　　五年规划和2035年远景目标纲要[OL]. （2021年3月13日）[2022年9月27日].
　　http://www.gov.cn/xinwen/2021-03/13/content_5592681.htm.

钟国民，方克明，邱水胜，等，2020. 藻类活性细胞生物肥在水稻上的应用[J].
　　农学学报，10（11）：21-24.

钟永红，2020.土壤墒情监测关键技术环节及要求（培训课件）[Z].

周健民，2013.土壤生物多样性[M].北京：中国科学出版社.

周培建，漆映雪，漆睿，2017. 江西土壤肥料技术500问[M]. 南昌：江西科学
　　技术出版社.

朱祖祥，1983. 土壤学[M].北京：农业出版社.